Dipl.-Ing. Studiendirektor Peter Schierbock

Formeln und Tabellen
für metalltechnische Berufe

mit umgestellten Formeln,
Qualitätsmanagement und CNC-Technik

20. Auflage

Bestellnummer 7140

Brake, Leonard

$$Querschnitt \to \emptyset$$
$$S = \frac{d^2 \cdot \pi}{4} \to d = \sqrt{\frac{4 \cdot S}{\pi}}$$

■ Bildungsverlag EINS

service@bv-1.de
www.bildungsverlag1.de

Bildungsverlag EINS GmbH
Ettore-Bugatti-Straße 6–14, 51149 Köln

ISBN 978-3-8239-7140-5

© Copyright 2015: Bildungsverlag EINS GmbH, Köln
Das Werk und seine Teile sind urheberrechtlich geschützt. Jede Nutzung in anderen als den gesetzlich zugelassenen Fällen bedarf der vorherigen schriftlichen Einwilligung des Verlages.
Hinweis zu §52a UrhG: Weder das Werk noch seine Teile dürfen ohne eine solche Einwilligung eingescannt und in ein Netzwerk eingestellt werden. Dies gilt auch für Intranets von Schulen und sonstigen Bildungseinrichtungen.

Hinweise für den Benutzer

Dieses Werk eignet sich bevorzugt für

– einen schülerzentrierten Unterricht,

– die Vorbereitung der Abschlussprüfungen Teil 1 und Teil 2 bei den **Industrie- und Handelskammern, den Handwerkskammern und Innungen,**

– die Hausarbeit,

– die innerbetriebliche Berufsausbildung,

– die Aus- und Weiterbildung.

Insbesondere eignet sich dieses Werk für die täglichen Erfordernisse eines jeden Fachmanns am Arbeitsplatz, in der Werkstatt und im Büro.

Vorwort

Umgang mit Formeln leicht gemacht! Der **erste Teil** dieser Formelsammlung enthält alle wesentlichen Formeln für die metalltechnischen Berufe. Zu jeder einzelnen Formel gehört eine Zeichnung. Die Formeln sind nach **allen Unbekannten** umgestellt. Die Formelzeichen sind erklärt und alle Einheiten mit angegeben.

Die Formelsammlung unterscheidet sich von den gebräuchlichen Formelsammlungen dadurch, dass der Lernende selbst überprüfen kann, ob er seine Formel richtig umgestellt hat – er vergleicht! Somit wird dem Lernenden die Unsicherheit genommen und der Wille gefördert, zügig zum richtigen Ergebnis zu gelangen.

Lehrern und Ausbildern wird ein neues Werk gereicht, das im Unterricht den Lernenden ermöglicht selbst zu üben, zu kontrollieren und nachzuschlagen.

Die neuen Einheiten im Messwesen (SI-Einheiten) wurden berücksichtigt. Inhaltsverzeichnis, Sachwortregister und Umrechnungstabellen sichern ein schnelles Auffinden der Formeln und Fachgebiete.

Im **zweiten Teil** finden Sie eine Einführung und Formeln zum Gebiet Qualitätsmanagement.

Der **dritte Teil** dieses Werks enthält Grundlagen und Hilfen zur CNC-Programmierung nach DIN 66025 wie: geometrische und technologische Grundlagen, Zuordnen der Koordinaten zu den Werkzeugmaschinen, Bezugspunkte, Bemaßungsarten, Programmaufbau, Steuerungsarten, Weg- und Zusatzbedingungen, PAL-Programmiersystem für Drehen und Fräsen sowie PAL-Zyklen.

Dieses Buch ist insbesondere auch für Fachleute in Werkstatt und Büro gedacht, denen das Umstellen der Formeln immer schwer gefallen ist. Dieses Werk macht den Umgang mit Formeln leicht.

Der Verfasser *Peter Schierbock*

Inhalt Formelsammlung

Teil I

	Seite
Beziehungen zwischen Einheiten	10–15
Prozentrechnung	16
Zinsrechnung	16
Winkelarten	17
Flächen	18–32
Dreiecksarten, Winkel	20–21
Pythagoras, Höhen- und Kathetensatz	24–25
Winkelfunktionen	26
Sinus- und Cosinussatz	27
Kreisförmige Flächen	28–31
Verschnitt	32
Gestreckte Längen	33
Teilung von Längen, Lochabstände	34
Trennen von Bauteilen, Neigung, Steigung	35
Volumen, Oberfläche, Mantelflächen (Kegel)	36–46
Rohlängen, Schmieden, Umformen	47–48
Masse, Dichte	49–50
Bewegung, Geschwindigkeit, freier Fall	51–55
Kräfte, Kraftübertragung, Hooke'sches Gesetz	56–59
Hebelgesetz, Drehmoment, einseitiger Hebel	60
Winkelhebel, Drehmoment, mehrfacher Hebel	61
Auflagerkräfte, Drehmomente	62
Drehmomente bei Zahnradtrieben	63
Haftreibung, Gleitreibung, Rollreibung	64
Reibungskraft, Reibungsmoment, Reibungsleistung	65
Reibung am Ringzapfen, Reibungsarbeit	66
Feste Rolle, lose Rolle	67
Flaschenzug	68
Seilwinde	69
Räderwinde, Hangabtriebskraft, Normalkraft, mech. Arbeit	70
Schiefe Ebene, Keil, Treibkeil	71
Kräfte an der Schraube, Gewindetrieb	72
Mechanische Arbeit, Hubarbeit, potenzielle Energie	73
Potenzielle Energie, kinetische Energie	74
Mechanische Leistung bei geradliniger Bewegung	75
Pumpenleistung	76
Mechanische Leistung bei Drehbewegung	77
Wirkungsgrad, Gesamtwirkungsgrad	78
Zugbeanspruchung, Spannungs-Dehnungs-Diagramm	79
Zugversuch, Spannungs-Dehnungs-Diagramm	80
Druckbeanspruchung, Festigkeitsberechnung	81
Flächenpressung, Festigkeitsberechnung	82
Scherbeanspruchung, Festigkeitsberechnung	83
Schneiden, Schneidkraft, Scherfläche	84
Spannungs-Dehnungs-Kurven, Zugversuch für Kunststoffe	85
Riementrieb, Übersetzungen	86–88
Zahntrieb, Übersetzungen	89–91
Schneckentrieb, Übersetzungen	92
Achsabstand, Zahnradberechnung	93
Achsabstand bei Innenverzahnung	94
Zahnstangentrieb	95
Zahnradmaße, Zahnradberechnung	96–97
Wärmetechnik	98–100
Wärmetechnik, Energieverbrauch beim Schmelzen, Verdampfen, Schmieden	101

Inhalt Formelsammlung

	Seite
Schwindung, Luftdruck, Überdruck	102
Zustandsänderung von Gasen	103–104
Gasverbrauch beim Schweißen (außer Acetylen)	105
Acetylen-Verbrauch beim Schweißen	106
Hydrostatischer Druck, Schweredruck, Seitendruckkraft	107
Aufdruckkraft, Auftrieb in Flüssigkeiten	108
Kolbendruckkraft, Hydraulik, Wärmemischung	109
Kolbenkräfte, Hydraulik	110
Hydraulische Presse	111
Kontinuitätsgleichung, Durchflussgeschwindigkeit	112
Kolbengeschwindigkeit, Hydraulik	113
Pumpenleistung, Hydraulik	114
Druckübersetzer, Hydraulik	115
Luftverbrauch, Pneumatik	116
Kräfte und Leistungen beim Zerspanen, spezifische Schnittkraft	117–120
Hauptnutzungszeit beim Langdrehen	121–122
Hauptnutzungszeit beim Plandrehen	123–127
Plandrehen, Rautiefe, Eckenradius, Vorschub	125
Kegeldrehen durch Verstellen des Oberschlittens	128
Kegeldrehen durch Verstellen des Reitstocks	129
Hauptnutzungszeit Bohren	130
Hauptnutzungszeit Reiben	131
Hauptnutzungszeit Senken	132
Hauptnutzungszeit Gewindeschneiden, -bohren	133
Biegebeanspruchung, Festigkeitsberechnungen	134
Axiale Widerstandsmomente verschiedener Querschnitte	135
Hauptnutzungszeit Sägen	136

	Seite
Hauptnutzungszeit Fräsen	137–139
Hauptnutzungszeit Nutenfräsen	140
Hauptnutzungszeit Schleifen	141–144
Direktes Teilen mit dem Teilkopf	145
Indirektes Teilen mit dem Teilkopf	146
Differenzialteilen mit dem Teilkopf	147
Wendelnutenfräsen mit dem Teilkopf	148–149
Tiefziehen	150–153
Erodieren, Funkenerosion	154
Trennen durch Scherschneiden, Ausnutzungsgrad	155
Elektrotechnik, Ohm'sches Gesetz, Leiterwiderstand	156
Elektrotechnik, Reihenschaltung	157
Elektrotechnik, Parallelschaltung	158
Elektrotechnik, Drehstrom	159–160
Elektrotechnik, Transformator	161
Elektrotechnik, elektrische Leistung	162
Elektrotechnik, elektrische Arbeit	163

Teil II

	Seite
Qualitätsmanagement, Qualitätsplanung	164–172
Normen DIN EN ISO 9000, Zehner-Regel, Einflussgrößen auf Qualität – 7M	165
Qualitätsprüfungsarten, Fehlerwahrscheinlichkeit	166
Statistische Prozessregelung	167, 170
Zufällige, systematische Einflüsse, Stichprobentabelle	167
Strichliste, Histogramm, Klassen, -weite, Häufigkeit	168
Verteilungskurve, Normalverteilung von Stichproben	168, 169
Statistische Auswertung von Messungen	169

Inhalt CNC-Technik

	Seite
Maschinen-, Prozessfähigkeitsindizes	170
Lage und Streuung von Prozessen	171
Arten von Qualitätsregelkarten (QRK)	171, 172

Teil III

CNC-Technik, Programmierung	173–218
Begriffe zur CNC-Technik	174
Aufgaben von Steuerung und Maschine bei CNC-Werkzeugmaschinen	175
Vor- und Nachteile von CNC-Werkzeugmaschinen	176
Konstruktive Merkmale von CNC-Werkzeugmaschinen	177
Wegmesssysteme an CNC-Werkzeugmaschinen	178–180
Datenträger, Informationsverarbeitung	180
Bezugspunkte, Nullpunkte	181, 182
Bezugsbemaßung, Absolutbemaßung, Kettenbemaßung, Inkrementalbemaßung	183
Koordinatensysteme	184
Maschinenkoordinaten nach DIN 66217	185
Werkstück-Koordinaten-Ebenen	186
Achsbezeichnungen beim Drehen	187
Zuordnung der Koordinatensysteme zu den einzelnen CNC-Werkzeugmaschinen	188
Steuerungsarten	189, 190

	Seite
Grundbildzeichen für CNC-Maschinen, Bildzeichenkombinationen	191
Programmaufbau	192, 193
Sonderzeichen	193
PAL-Programmiersystem Drehen	194
PAL-Programmiersystem Fräsen und Bearbeitungszyklen	195
PAL-Zyklen	196–210
PAL-Zyklen bei Drehmaschinen	196–198
PAL-Zyklen bei Fräsmaschinen	199–210
Zusatzfunktionen, Adressbuchstaben M	211
Adressenzuordnung	212
Kreisprogrammierung	213, 214
Zusammenhang von Ebenen, Koordinaten und Interpolationsparametern	214
Kreisprogrammierung mit X, Y absolut, I, J inkremental	215
Kreisprogrammierung mit Absoluteingabe von X, Y, I, J	216
Fräserradius-Korrektur mit G 41 und G 42	217
Schneidenradius-Korrektur	218
Vorsatzzeichen für dezimale Vielfache und Teile, Griechisches Alphabet	219
Sachwortverzeichnis **Teil I**, Formelsammlung	220–227
Sachwortverzeichnis **Teil II**, Qualitätsmanagement	228–229
Sachwortverzeichnis **Teil III**, CNC-Technik	230–232

Teil I

Formeln und Tabellen für metalltechnische Berufe

Formeln nach allen Unbekannten umgestellt

10 | Beziehungen zwischen Einheiten

Größe	Formel-zeichen	Einheit	Symbol	Beziehungen
Längen	l	Mikrometer	µm	1 µm = 0,001 mm
		Millimeter	mm	1 mm = 0,1 cm = 0,01 dm = 0,001 m = 0,000001 km
		Zentimeter	cm	1 cm = 10 mm = 10 000 µm
		Dezimeter	dm	1 dm = 10 cm = 100 mm = 100 000 µm
		Meter	m	1 m = 10 dm = 100 cm = 1 000 mm = 1 000 000 µm
		Kilometer	km	1 km = 1 000 m = 100 000 cm = 1 000 000 mm
Flächen	A, S	Quadratzentimeter	cm^2	1 cm^2 = 100 mm^2
		Quadratdezimeter	dm^2	1 dm^2 = 100 cm^2 = 10 000 mm^2
		Quadratmeter	m^2	1 m^2 = 100 dm^2 = 10 000 cm^2 = 1 000 000 mm^2
		Ar	a	1 a = 100 m^2
		Hektar	ha	1 ha = 100 a = 10 000 m^2
		Quadratkilometer	km^2	1 km^2 = 100 ha = 10 000 a = 1 000 000 m^2
Volumen	V	Kubikzentimeter	cm^3	1 cm^3 = 1 000 mm^3 = 1 ml = 0,001 l
		Kubikdezimeter	dm^3	1 dm^3 = 1 000 cm^3 = 1 000 000 mm^3
		Kubikmeter	m^3	1 m^3 = 1 000 dm^3 = 1 000 000 cm^3
		Milliliter	ml	1 ml = 0,001 l = 1 cm^3
		Liter	l	1 l = 1 000 ml = 1 dm^3
		Hektoliter	hl	1 hl = 100 l = 100 dm^3

Beziehungen zwischen Einheiten

Größe	Formel-zeichen	Einheit	Symbol	Beziehungen
Ebener Winkel	$\alpha, \beta, \gamma, \ldots$	Sekunde	$''$	$1'' = \dfrac{1'}{60}$
		Minute	$'$	$1' = 60''$
		Grad	°	$1° = 60' = 3600'' = \dfrac{\pi}{180}$ rad
		Radiant	rad	$1\,\text{rad} = 1\dfrac{\text{m}}{\text{m}} = 1$
				$1\,\text{rad} = \dfrac{180°}{\pi} = 57{,}2957°$
Zeit	t	Sekunde	s	$1\,\text{s} = \dfrac{1}{60}\,\text{min}$
		Minute	min	$1\,\text{min} = 60\,\text{s}$
		Stunde	h	$1\,\text{h} = 60\,\text{min} = 3600\,\text{s}$
		Tag	d	$1\,\text{d} = 24\,\text{h}$
		Jahr	a	$1\,\text{a} \approx 360\,\text{d}$
Umdrehungs-frequenz (Drehzahl)	n	Eins durch Sekunde	$\dfrac{1}{\text{s}}$	$\dfrac{1}{\text{s}} = \text{s}^{-1} = 60\,\dfrac{1}{\text{min}} = 60\,\text{min}^{-1}$
		Eins durch Minute	$\dfrac{1}{\text{min}}$	$\dfrac{1}{\text{min}} = \text{min}^{-1} = \dfrac{1}{60\,\text{s}} = \dfrac{1}{60}\,\text{s}^{-1}$

12 Beziehungen zwischen Einheiten

Größe	Formelzeichen	Einheit	Symbol	Beziehungen
Geschwindigkeit	v	Meter durch Sekunde	$\frac{m}{s}$	$1\,\frac{m}{s} = 60\,\frac{m}{min} = 3600\,\frac{m}{h} = 3{,}6\,\frac{km}{h}$
		Meter durch Minute	$\frac{m}{min}$	$1\,\frac{m}{min} = 60\,\frac{m}{h} = \frac{60}{3600}\,\frac{m}{s} = \frac{1}{60}\,\frac{m}{s}$
		Kilometer durch Stunde	$\frac{km}{h}$	$1\,\frac{km}{h} = \frac{1000\,m}{h} = \frac{1000}{3600}\,\frac{m}{s} = \frac{1}{3{,}6}\,\frac{m}{s}$
Winkelgeschwindigkeit	ω	Eins durch Sekunde	$\frac{1}{s}$	$\omega = 2 \cdot \pi \cdot n, \quad n \text{ in } \frac{1}{s} \text{ (Drehzahl)}$
		Radiant durch Sekunde	$\frac{rad}{s}$	
Beschleunigung	a, g	Meter durch Sekundenquadrat	$\frac{m}{s^2}$	$1\,\frac{m}{s^2} = 1\,\frac{N}{kg} = \frac{1\,m/s}{s} \qquad g = 9{,}81\,\frac{m}{s^2}$ Formelzeichen: g nur für Fallbeschleunigung.
Masse	m	Milligramm	mg	$1\,mg = \frac{1}{1000}\,g = 0{,}001\,g$
		Gramm	g	$1\,g\ = 1000\,mg$
		Kilogramm	kg	$1\,kg = 1000\,g\ = 1\,000\,000\,mg$
		Tonne	t	$1\,t\ \ = 1000\,kg = 1\,000\,000\,g$
		Megagramm	Mg	$1\,t\ \ = 1\,Mg$

Beziehungen zwischen Einheiten

Größe	Formelzeichen	Einheit	Symbol	Beziehungen	
Längenbezogene Masse	m'	Kilogramm durch Meter	$\dfrac{kg}{m}$	$1\,\dfrac{kg}{m} = 1\,\dfrac{g}{mm}$	
Flächenbezogene Masse	m''	Kilogramm durch Meterquadrat	$\dfrac{kg}{m^2}$	$1\,\dfrac{kg}{m^2} = 0{,}1\,\dfrac{g}{cm^2}$	
Dichte	ϱ	Gramm durch Kubikzentimeter	$\dfrac{g}{cm^3}$	$1\,\dfrac{g}{cm^3} = 1\,\dfrac{kg}{dm^3} = 1\,\dfrac{t}{m^3} = 1\,\dfrac{g}{ml}$	
Kraft Gewichtskraft	F G F_G	Newton	N	$1\,N = 1\,\dfrac{kg \cdot m}{s^2} = 1\,\dfrac{J}{m}$ $1\,daN = 10\,N$	
Drehmoment	M	Newtonmeter	Nm	$1\,Nm = 1\,J$	
Druck	p	Pascal Bar	Pa bar	$1\,Pa = \dfrac{1\,N}{m^2} = 0{,}01\,mbar = \dfrac{1 \cdot kg}{m \cdot s^2}$ $1\,bar = 10\,\dfrac{N}{cm^2} = 100\,000\,\dfrac{N}{m^2} = 10^5\,Pa$ $1\,bar = 10\,m\,Ws$	WS = Wassersäule
Mechanische Spannung	σ, τ	Newton durch Millimeterquadrat	$\dfrac{N}{mm^2}$	$1\,\dfrac{N}{mm^2} = 10\,bar = 1\,MPa$ $10\,\dfrac{N}{mm^2} = 1\,\dfrac{kN}{cm^2}$	

14 Beziehungen zwischen Einheiten

Größe	Formel-zeichen	Einheit	Symbol	Beziehungen
Arbeit **Energie** **Wärmemenge**	W E Q	Wattsekunde Newtonmeter Joule Kilowattstunde Kilojoule Megajoule	Ws Nm J kWh kJ MJ	$1\,\text{Ws} = 1\,\text{Nm} = 1\,\dfrac{\text{kg}\cdot\text{m}}{\text{s}^2}\cdot\text{m} = 1\,\text{J}$ $1\,\text{kWh} = 1\,000\,\text{Wh} = 1\,000\cdot 3\,600\,\text{Ws} = 3{,}6\cdot 10^6\,\text{Ws}$ $3{,}6\cdot 10^6\,\text{Ws} = 3{,}6\cdot 10^3\,\text{kJ} = 3\,600\,\text{kJ} = 3{,}6\,\text{MJ}$ $1\,\text{MJ} = \dfrac{1}{3{,}6}\,\text{kWh}$
Leistung	P	Watt Newtonmeter durch Sekunde Joule durch Sekunde	W $\dfrac{\text{Nm}}{\text{s}}$ $\dfrac{\text{J}}{\text{s}}$	$1\,\text{W} = 1\,\dfrac{\text{Nm}}{\text{s}} = 1\,\dfrac{\text{J}}{\text{s}} = 1\,\dfrac{\text{kg}\cdot\text{m}}{\text{s}^2}\cdot\dfrac{\text{m}}{\text{s}} = 1\,\text{V}\cdot 1\,\text{A}$ $1\,\text{kW} = 1\,000\,\text{W}$ 1 PS ≈ 0,735 kW 1 kW ≈ 1,36 PS veraltete Einheit
Temperatur a) thermo-dynamisch b) Celsius	T, Θ t, ϑ	Kelvin Grad Celsius	K °C	$0\,\text{K} = -273{,}15\,°\text{C}$ $0\,°\text{C} = 273{,}15\,\text{K}$ $t = T - 273{,}15$
Spezifischer Heizwert	H	Joule durch Kilogramm Joule durch Kubikmeter	$\dfrac{\text{J}}{\text{kg}}$ $\dfrac{\text{J}}{\text{m}^3}$	$1\,\dfrac{\text{MJ}}{\text{kg}} = 1\,000\,000\,\dfrac{\text{J}}{\text{kg}}$

Beziehungen zwischen Einheiten

Größe	Formel-zeichen	Einheit	Symbol	Beziehungen
Elektrischer Strom	I	Ampère	A	$1\,\text{A} = 1\,\dfrac{\text{V}}{\Omega}$
Elektrische Spannung	U	Volt	V	$1\,\text{V} = 1\,\dfrac{\text{W}}{\text{A}} = 1\,\dfrac{\text{Ws}}{\text{As}}$
Elektrischer Widerstand	R	Ohm	Ω	$1\,\Omega = \dfrac{1\,\text{V}}{1\,\text{A}}$
Spezifischer Widerstand	ϱ	Ohm mal Meter	$\Omega \cdot \text{m}$	$10^{-6}\,\Omega \cdot \text{m} = \dfrac{1\,\Omega \cdot \text{mm}^2}{\text{m}}\,; \quad \varrho = \dfrac{1}{\varkappa}\ \text{in}\ \dfrac{\Omega \cdot \text{mm}^2}{\text{m}}$
Elektrische Leitfähigkeit	$\varkappa$	Siemens durch Meter	$\dfrac{\text{S}}{\text{m}}$	$\varkappa = \dfrac{1}{\varrho}\ \text{in}\ \dfrac{\text{m}}{\Omega \cdot \text{mm}^2}$
Elektrische Arbeit	W	Joule	J	$1\,\text{J} = 1\,\text{W} \cdot 1\,\text{s} = 1\,\text{Ws} = 1\,\text{Nm}$ $1\,\text{kW} \cdot \text{h} = 3{,}6 \cdot 10^6\,\text{Ws} = 3{,}6 \cdot 10^3\,\text{kJ}$
Elektrische Leistung	P	Watt	W	$1\,\text{W} = 1\,\dfrac{\text{J}}{\text{s}} = 1\,\text{V} \cdot \text{A} = 1\,\dfrac{\text{N} \cdot \text{m}}{\text{s}}$

16 Prozent- und Zinsrechnung

Benennung/Abbildung	Formel/Formelumstellung	Formelzeichen	Einheiten
Prozentrechnung	$z = \dfrac{K \cdot p}{100\,\%}$ $K = \dfrac{z \cdot 100\,\%}{p}$ $p = \dfrac{z \cdot 100\,\%}{K}$	z Prozentwert K Grundwert p Prozentsatz	z. B. EUR, kg z. B. EUR, kg %
Zinsrechnung	$Z = \dfrac{K \cdot p \cdot t}{100\,\% \cdot 360\,\text{Tg.}}$ $K = \dfrac{Z \cdot 100\,\% \cdot 360\,\text{Tg.}}{p \cdot t}$ $p = \dfrac{Z \cdot 100\,\% \cdot 360\,\text{Tg.}}{K \cdot t}$ $t = \dfrac{Z \cdot 100\,\% \cdot 360\,\text{Tg.}}{K \cdot p}$	Z Zinsen K Kapital p Zinsfuß t Zeit	EUR EUR % Tage

Winkelarten

Benennung/Abbildung	Formel/Formelumstellung	Formelzeichen	Einheiten
Nebenwinkel	$\alpha + \beta = 180°$ $\alpha = 180° - \beta$ $\beta = 180° - \alpha$	Benachbarte Winkel nennt man Nebenwinkel. Sie ergänzen sich jeweils zu 180°. α Winkel β Winkel	in ° (Grad) in ° (Grad)
Wechselwinkel	$\alpha = \beta$	Wechselwinkel liegen auf verschiedenen Seiten der schneidenden Geraden. Als Wechselwinkel gelten je zwei äußere oder innere Winkel, die gleich groß sind. α Winkel β Winkel	in ° (Grad) in ° (Grad)
Stufenwinkel	$\alpha = \beta$	Stufenwinkel liegen auf derselben Seite der schneidenden Geraden. Als Stufenwinkel gelten je ein äußerer und innerer Winkel, die gleich groß sind. α Winkel β Winkel	in ° (Grad) in ° (Grad)
Scheitelwinkel	$\alpha = \beta$	Scheitelwinkel sind einander gleich groß. α Winkel β Winkel	in ° (Grad) in ° (Grad)

18 Flächen

Benennung/Abbildung	Formel/Formelumstellung	Formelzeichen	Einheiten
Quadrat	$A = l \cdot l \qquad l = \sqrt{A}$ $U = 4 \cdot l \qquad l = \dfrac{U}{4}$ $e = \sqrt{2} \cdot l \qquad l = \dfrac{e}{\sqrt{2}}$	A Fläche l Länge (einer Seite) U Umfang e Eckmaß	mm², cm², m² mm, cm, m mm, cm, m mm, cm, m
Rhombus (Raute)	$A = l \cdot b \qquad l = \dfrac{A}{b} \qquad b = \dfrac{A}{l}$ $U = 4 \cdot l \qquad l = \dfrac{U}{4}$	A Fläche l Seitenlänge b Breite U Umfang	mm², cm², m² mm, cm, m mm, cm, m mm, cm, m
Rechteck	$A = l \cdot b \qquad U = 2 \cdot (l+b) \qquad e = \sqrt{l^2 + b^2}$ $l = \dfrac{A}{b} \qquad l = \dfrac{U}{2} - b \qquad l = \sqrt{e^2 - b^2}$ $b = \dfrac{A}{l} \qquad b = \dfrac{U}{2} - l \qquad b = \sqrt{e^2 - l^2}$	A Fläche l Länge b Breite U Umfang e Eckmaß	mm², cm², m² mm, cm, m mm, cm, m mm, cm, m mm, cm, m

Flächen

Benennung/Abbildung	Formel/Formelumstellung	Formelzeichen	Einheiten
Parallelogramm (Rhomboid)	$A = l_2 \cdot b$ $l_2 = \dfrac{A}{b} \qquad b = \dfrac{A}{l_2}$ $U = 2 \cdot (l_1 + l_2)$ $l_1 = \dfrac{U}{2} - l_2 \qquad l_2 = \dfrac{U}{2} - l_1$	A Fläche l_2 Länge b Breite U Umfang l_1 schräge Seitenlänge	mm², cm², m² mm, cm, m mm, cm, m mm, cm, m mm, cm, m
Trapez	$A = \dfrac{l_1 + l_2}{2} \cdot b$ $l_1 = \dfrac{2 \cdot A}{b} - l_2 \qquad l_2 = \dfrac{2 \cdot A}{b} - l_1$ $b = \dfrac{2 \cdot A}{l_1 + l_2}$ $l_m = \dfrac{l_1 + l_2}{2} \qquad \begin{array}{l} l_1 = 2 \cdot l_m - l_2 \\ l_2 = 2 \cdot l_m - l_1 \end{array}$ $A = l_m \cdot b \qquad b = \dfrac{A}{l_m}$ $l_m = \dfrac{A}{b}$	A Fläche l_1 kleine Länge l_2 große Länge b Breite l_m mittlere Länge	mm², cm², m² mm, cm, m mm, cm, m mm, cm, m mm, cm, m

20 | Flächen, Dreiecksarten, Winkel

Benennung/Abbildung	Formel/Formelumstellung	Formelzeichen	Einheiten
Rechtwinkliges Dreieck	$A = \dfrac{l \cdot h}{2} \quad l = \dfrac{2 \cdot A}{h} \quad h = \dfrac{2 \cdot A}{l}$ $\alpha + \beta + \gamma = 180°$ $\alpha + \beta = 90° \quad \gamma = 90°$	A Fläche l Länge h Höhe In jedem rechtwinkligen Dreieck ist der Winkel $\gamma = 90°$. Die Winkel α plus β ergeben ebenfalls 90°. α, β, γ Winkel	mm², cm², m² mm, cm, m mm, cm, m in ° (Grad)
Dreieck (ohne Breitenmaß)	$U = l_1 + l_2 + l_3$ $l_1 = U - (l_2 + l_3)$ $l_2 = U - (l_1 + l_3)$ $l_3 = U - (l_1 + l_2)$ $A = \dfrac{1}{4} \cdot \sqrt{U \cdot (U - 2 \cdot l_1) \cdot (U - 2 \cdot l_2) \cdot (U - 2 \cdot l_3)}$	U Umfang l_1, l_2, l_3 Seitenlängen A Fläche	mm, cm, m mm, cm, m mm², cm², m²
Winkelsumme im Dreicke	$\alpha + \beta + \gamma = 180°$	In jedem Dreieck ist die Summe der drei Innenwinkel 180°. α, β, γ Winkel	in ° (Grad)

Dreiecksarten, gleichseitiges, gleichschenkliges Dreieck | 21

Benennung/Abbildung	Formel/Formelumstellung	Formelzeichen	Einheiten
Gleichseitiges ($\alpha, \beta, \gamma = 60°$) **Dreieck**	$l = 2 \cdot \sqrt{\dfrac{h^2}{3}}$ $l = \dfrac{2}{3} \cdot \sqrt{3} \cdot h$ $D = 2 \cdot d$ $h = \dfrac{1}{2} \cdot \sqrt{3} \cdot l$ $D = \dfrac{1}{3}h + \dfrac{1}{3}h + \dfrac{2}{3}h$ $d = \dfrac{1}{3}h + \dfrac{1}{3}h$ $D = \dfrac{2}{3} \cdot \sqrt{3} \cdot l$ $d = \dfrac{1}{3} \cdot \sqrt{3} \cdot l$ $A = \dfrac{1}{4} \cdot \sqrt{3} \cdot l^2$ $A = \dfrac{l \cdot h}{2}$	Im gleichseitigen Dreieck sind alle drei Seitenlängen l gleich lang. Alle drei Innenwinkel sind gleich groß; sie betragen 60°. l Seitenlänge h Höhe, Dreieckshöhe d Inkreisdurchmesser D Umkreisdurchmesser S Schwerpunkt des Dreiecks A Flächeninhalt des Dreiecks	$\sqrt{3} = 1{,}732$ mm, cm, m mm, cm, m mm, cm, m mm, cm, m mm, cm, m mm², cm², m²
Gleichschenkliges Dreieck ($\alpha = \beta$)	$h = \sqrt{l_1^2 - \dfrac{l^2}{4}}$ $l_1 = \sqrt{\dfrac{l^2}{4} + h^2}$ $A = \dfrac{l \cdot h}{2}$ $l = 2\sqrt{l_1^2 - h^3}$ $l_1 = \dfrac{h}{\sin \alpha}$ $h = \sin \alpha \cdot l_1$ $l = 2 \cdot l_1 \cdot \sin \dfrac{\gamma}{2}$ $l_1 = \dfrac{l}{2 \cdot \sin \dfrac{\gamma}{2}}$	α, β, γ Winkel h Höhe l_1 Seitenlänge l Länge A Flächeninhalt des Dreiecks	in ° Grad mm, cm, m mm, cm, m mm, cm, m mm², cm², m²

22 Flächen

Benennung/Abbildung	Formel/Formelumstellung	Formelzeichen	Einheiten
Sechseck	$A = s^2 \cdot 0{,}866$ $s = \sqrt{\dfrac{A}{0{,}866}}$ $U = 6 \cdot l \qquad l = \dfrac{U}{6}$ $e = s \cdot 1{,}155$ $s = \dfrac{e}{1{,}155}$	A Fläche s Schlüsselweite U Umfang l Länge einer Seite e Eckmaß	mm², cm², m² mm, cm, m mm, cm, m mm, cm, m mm, cm, m
Regelmäßiges Vieleck	$A = \dfrac{l \cdot d}{4} \cdot n \qquad l = \dfrac{4 \cdot A}{d \cdot n}$ $d = \dfrac{4 \cdot A}{l \cdot n} \qquad n = \dfrac{4 \cdot A}{l \cdot d}$ $U = l \cdot n$ $l = \dfrac{U}{n} \qquad n = \dfrac{U}{l}$	A Fläche l Seitenlänge d Inkreisdurchmesser n Eckenzahl U Umfang D Umkreisdurchmesser	mm², cm², m² mm, cm, m mm, cm, m mm, cm, m mm, cm, m *Fortsetzung*

Flächen

Benennung/Abbildung	Formel/Formelumstellung	Formelzeichen	Einheiten
Fortsetzung **Regelmäßiges Vieleck**	$l = D \cdot \sin\left(\dfrac{180°}{n}\right)$ $\alpha = \dfrac{360°}{n}$ $D = \dfrac{l}{\sin\left(\dfrac{180°}{n}\right)}$ $n = \dfrac{360°}{\alpha}$ $\alpha = 180° - \beta$ $D = \sqrt{l^2 + d^2}$ $l = \sqrt{D^2 - d^2}$ $\beta = 180° - \alpha$ $d = \sqrt{D^2 - l^2}$ $\beta = \dfrac{(n-2) \cdot 180°}{n}$	D Umkreisdurchmesser α Mittelpunktswinkel β Eckenwinkel l Seitenlänge d Inkreisdurchmesser n Eckenzahl	mm, cm, m in ° (Grad) in ° (Grad) mm, cm, m mm, cm, m

Berechnen regelmäßiger Vielecke nach Tabelle

Ecken-zahl	Berechnen der Fläche $A \approx$ mit l^2 oder D^2 oder d^2			Berechnen des Umkreisdurchmessers $D \approx$ mit d oder l		Berechnen des Innenkreisdurchmessers d mit D oder l		Berechnen der Seitenlänge $l \approx$ mit d oder D	
n	$l^2 \cdot$	$D^2 \cdot$	$d^2 \cdot$	$d \cdot$	$l \cdot$	$D \cdot$	$l \cdot$	$d \cdot$	$D \cdot$
3	0,433	0,325	1,299	2,000	1,154	0,500	0,578	1,732	0,867
4	1,000	0,500	1,000	1,414	1,414	0,707	1,000	1,000	0,707
5	1,721	0,595	0,908	1,236	1,702	0,809	1,376	0,727	0,588
6	2,598	0,649	0,866	1,155	2,000	0,866	1,732	0,577	0,500
8	4,828	0,707	0,829	1,082	2,614	0,924	2,414	0,414	0,383
10	7,694	0,735	0,812	1,052	3,236	0,951	3,078	0,325	0,309
12	11,196	0,750	0,804	1,035	3,864	0,966	3,732	0,268	0,259

24 | Flächen

Benennung/Abbildung	Formel/Formelumstellung	Formelzeichen	Einheiten
Zusammengesetzte Flächen $$A = A_1 + A_2 + A_3 + \ldots$$ U = Summe der Seitenlängen $$A_1 = \frac{l_1 \cdot b_1}{2}$$ $$A_2 = \frac{l_2 \cdot b_2}{2}$$		A Gesamtfläche U Umfang A_1, A_2 Teilflächen b_1, b_2 Breiten l_1, l_2 Längen	mm², cm², m² mm, cm, m mm², cm², m² mm, cm, m mm, cm, m
Pythagoras	**Pythagoras** $$c^2 = a^2 + b^2$$ $$c = \sqrt{a^2 + b^2}$$ $$a = \sqrt{c^2 - b^2}$$ $$b = \sqrt{c^2 - a^2}$$ In einem rechtwinkligen Dreieck ist das Quadrat der Hypotenuse flächengleich der Summe der beiden Kathetenquadrate.	c Hypotenuse a, b Kathete h Höhe	mm, cm, m mm, cm, m mm, cm, m

Flächen

Benennung/Abbildung	Formel/Formelumstellung	Formelzeichen	Einheiten
Höhensatz	**Höhenquadrat** $$h^2 = q \cdot p$$ $$h = \sqrt{q \cdot p}$$ $$q = \frac{h^2}{p}$$ $$p = \frac{h^2}{q}$$	h Höhe p, q Hypotenusen-abschnitte	mm, cm, m mm, cm, m
Kathetensatz, **Lehrsatz des Euklid**	**Kathetenquadrat** $$b^2 = c \cdot q$$ $$a^2 = c \cdot p \qquad a = \sqrt{c \cdot p}$$ $$b = \sqrt{c \cdot q} \qquad c = \frac{a^2}{p}$$ $$c = \frac{b^2}{q} \qquad p = \frac{a^2}{c}$$ $$q = \frac{b^2}{c}$$	a, b Katheten c Hypotenuse p, q Hypotenusen-abschnitte	mm, cm, m mm, cm, m mm, cm, m

Winkelfunktionen

Benennung/Abbildung	Formel/Formelumstellung		Formelzeichen	Einheiten
Winkelfunktionen im rechtwinkligen Dreieck	$\sin \alpha = \dfrac{a}{c}$	$\cos \alpha = \dfrac{b}{c}$	**für Winkel α:**	
	$a = c \cdot \sin \alpha$	$b = c \cdot \cos \alpha$	α Winkel	in ° (Grad)
	$c = \dfrac{a}{\sin \alpha}$	$c = \dfrac{b}{\cos \alpha}$	a Gegenkathete zu Winkel α	mm, cm, m
			c Hypotenuse	mm, cm, m
	$\tan \alpha = \dfrac{a}{b}$	$\cot \alpha = \dfrac{b}{a}$	b Ankathete zu Winkel α	mm, cm, m
	$a = b \cdot \tan \alpha$	$b = a \cdot \cot \alpha$	**für Winkel β:**	
	$b = \dfrac{a}{\tan \alpha}$	$a = \dfrac{b}{\cot \alpha}$	β Winkel	in ° (Grad)
			b Gegenkathete zu Winkel β	mm, cm, m
	$\sin \beta = \dfrac{b}{c}$	$\cos \beta = \dfrac{a}{c}$	c Hypotenuse	mm, cm, m
	$\tan \beta = \dfrac{b}{a}$	$\cot \beta = \dfrac{a}{b}$	a Ankathete zu Winkel β	mm, cm, m

Wichtige Werte der Winkelfunktionen

	0°	30°	45°	60°	90°
sin	0	$\tfrac{1}{2} = 0{,}5$	$\tfrac{1}{2} \cdot \sqrt{2} = 0{,}707$	$\tfrac{1}{2} \cdot \sqrt{3} = 0{,}866$	1
cos	1	$\tfrac{1}{2} \cdot \sqrt{3} = 0{,}866$	$\tfrac{1}{2} \cdot \sqrt{2} = 0{,}707$	$\tfrac{1}{2} = 0{,}5$	0
tan	0	$\tfrac{1}{3} \cdot \sqrt{3} = 0{,}577$	1	$\sqrt{3} = 1{,}732$	∞
cot	∞	$\sqrt{3} = 1{,}732$	1	$\tfrac{1}{3} \cdot \sqrt{3} = 0{,}577$	0

Sinus- und Cosinussatz

Benennung/Abbildung	Formel/Formelumstellung	Formel/Formelumstellung

Sinussatz und Cosinussatz im schiefwinkligen Dreieck

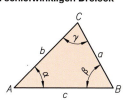

Sinussatz

$$\frac{a}{\sin \alpha} = \frac{b}{\sin \beta} = \frac{c}{\sin \gamma}$$

$$a : b : c = \sin \alpha : \sin \beta : \sin \gamma$$

Cosinussatz

$$a^2 = b^2 + c^2 - 2 \cdot bc \cdot \cos \alpha$$

$$b^2 = a^2 + c^2 - 2 \cdot ac \cdot \cos \beta$$

$$c^2 = a^2 + b^2 - 2 \cdot ab \cdot \cos \gamma$$

Flächenberechnung

$$A = \frac{a \cdot b \cdot \sin \gamma}{2}$$

$$A = \frac{b \cdot c \cdot \sin \alpha}{2}$$

$$A = \frac{a \cdot c \cdot \sin \beta}{2}$$

Strahlensatz

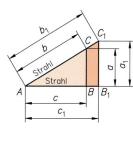

$$\frac{a}{a_1} = \frac{b}{b_1} = \frac{c}{c_1}$$

$$a_1 = \frac{a \cdot b_1}{b} \qquad b_1 = \frac{a_1 \cdot b}{a}$$

$$c = \frac{b \cdot c_1}{b_1} \qquad c_1 = \frac{b_1 \cdot c}{b}$$

$$\frac{a}{c} = \frac{a_1}{c_1} \qquad \frac{c}{b} = \frac{c_1}{b_1}$$

$$a \cdot c_1 = a_1 \cdot c \qquad b \cdot c_1 = c \cdot b_1$$

$$a = \frac{a_1 \cdot c}{c_1} \qquad b = \frac{c \cdot b}{c_1}$$

Werden zwei Strahlen, die von einem Punkt A ausgehen, von Parallelen geschnitten, so bestehen zwischen Parallelabschnitten und Strahlenabschnitten gleiche Verhältnisse.

Kreisförmige Flächen

Benennung/Abbildung	Formel/Formelumstellung	Formelzeichen	Einheiten
Kreis	$A = \dfrac{d^2 \cdot \pi}{4}$; $\dfrac{\pi}{4} \approx 0{,}785$ $d = \sqrt{\dfrac{4 \cdot A}{\pi}}$ $U = d \cdot \pi \qquad d = \dfrac{U}{\pi}$	A Fläche d Durchmesser U Umfang	mm², cm², m² mm, cm, m mm, cm, m
Kreisabschnitt	$A = \dfrac{d^2 \cdot \pi}{4} \cdot \dfrac{\alpha}{360°} - \dfrac{l \cdot (r-b)}{2}$ $d = \sqrt{\left[A + \dfrac{l \cdot (r-b)}{2}\right] \cdot \dfrac{4 \cdot 360°}{\pi \cdot \alpha}}$ $\alpha = \left[A + \dfrac{l \cdot (r-b)}{2}\right] \cdot \dfrac{4 \cdot 360°}{d^2 \cdot \pi}$ $b = r + \left(A - \dfrac{d^2 \cdot \pi}{4} \cdot \dfrac{\alpha}{360°}\right) \cdot \dfrac{2}{l}$ $l = 2 \cdot r \cdot \sin \dfrac{\alpha}{2}$ $l = 2 \cdot \sqrt{b \cdot (2 \cdot r - b)}$	A Fläche d Durchmesser r Halbmesser, Radius l Sehnenlänge l_B Bogenlänge α Mittelpunktswinkel b Breite	mm², cm², m² mm, cm, m mm, cm, m mm, cm, m mm, cm, m in ° (Grad) mm, cm, m *Fortsetzung*

Kreisförmige Flächen

Benennung/Abbildung	Formel/Formelumstellung	Formelzeichen	Einheiten
Fortsetzung **Kreisabschnitt**	$l_B = \dfrac{d \cdot \pi \cdot \alpha}{360°}$ $b = \dfrac{l}{2} \cdot \tan\dfrac{\alpha}{4}$ $\alpha = \dfrac{l_B \cdot 360°}{d \cdot \pi}$ $b = r - \sqrt{r^2 - \dfrac{l^2}{4}}$ $d = \dfrac{l_B \cdot 360°}{\pi \cdot \alpha}$ $d = b + \dfrac{l^2}{4 \cdot b}$ $A \approx \dfrac{2}{3} \cdot l \cdot b$ $A = \dfrac{l_B \cdot r - l \cdot (r-b)}{2}$	A Fläche d Durchmesser r Halbmesser, Radius l Sehnenlänge l_B Bogenlänge α Mittelpunktswinkel b Breite	mm², cm², m² mm, cm, m mm, cm, m mm, cm, m mm, cm, m in ° (Grad) mm, cm, m
Kreisausschnitt	$A = \dfrac{d^2 \cdot \pi}{4} \cdot \dfrac{\alpha}{360°}$ $d = \sqrt{\dfrac{4 \cdot 360° \cdot A}{\pi \cdot \alpha}}$ $\alpha = \dfrac{4 \cdot 360° \cdot A}{d^2 \cdot \pi}$ $l_B = \dfrac{d \cdot \pi \cdot \alpha}{360°}$	A Fläche d Durchmesser r Halbmesser, Radius l Sehnenlänge l_B Bogenlänge α Mittelpunktslänge	mm², cm², m² mm, cm, m mm, cm, m mm, cm, m mm, cm, m in ° (Grad) *Fortsetzung*

Kreisförmige Flächen

Benennung/Abbildung	Formel/Formelumstellung	Formelzeichen	Einheiten
Fortsetzung **Kreisausschnitt**	$\alpha = \dfrac{l_B \cdot 360°}{d \cdot \pi} \qquad d = \dfrac{l_B \cdot 360°}{\pi \cdot \alpha}$ $l = 2 \cdot r \cdot \sin\dfrac{\alpha}{2}$ $A = \dfrac{l_B \cdot r}{2}$ $l_B = \dfrac{2 \cdot A}{r} \qquad r = \dfrac{2 \cdot A}{l_B}$	A Fläche d Durchmesser r Halbmesser, Radius l Sehnenlänge l_B Bogenlänge α Mittelpunktswinkel	mm², cm², m² mm, cm, m mm, cm, m mm, cm, m mm, cm, m in ° (Grad)
Kreisring	$A = (D^2 - d^2) \cdot \dfrac{\pi}{4}$ $\dfrac{\pi}{4} \approx 0{,}785$ $d = \sqrt{D^2 - \dfrac{4 \cdot A}{\pi}}$ $D = \sqrt{\dfrac{4 \cdot A}{\pi} + d^2}$	A Fläche d Innendurchmesser D Außendurchmesser d_m mittlerer Durchmesser b Breite	mm², cm², m² mm, cm, m mm, cm, m mm, cm, m mm, cm, m *Fortsetzung*

Kreisförmige Flächen | 31

Benennung/Abbildung	Formel/Formelumstellung	Formelzeichen		Einheiten
Fortsetzung **Kreisring**	$d_m = \dfrac{D+d}{2}$ $A = d_m \cdot \pi \cdot b$ $b = \dfrac{A}{d_m \cdot \pi} \qquad d_m = \dfrac{A}{\pi \cdot b}$	A	Fläche	mm², cm², m²
		d	Innendurchmesser	mm, cm, m
		D	Außendurchmesser	mm, cm, m
		d_m	mittlerer Durchmesser	mm, cm, m
		b	Breite	mm, cm, m
Kreisringausschnitt	$A = (D^2 - d^2) \cdot \dfrac{\pi}{4} \cdot \dfrac{\alpha}{360°}$ $d = \sqrt{D^2 - \dfrac{4 \cdot 360° \cdot A}{\pi \cdot \alpha}}$ $D = \sqrt{d^2 + \dfrac{4 \cdot 360° \cdot A}{\pi \cdot \alpha}}$ $\alpha = \dfrac{4 \cdot 360° \cdot A}{\pi \cdot (D^2 - d^2)}$	A	Fläche	mm², cm², m²
		d	Innendurchmesser	mm, cm, m
		D	Außendurchmesser	mm, cm, m
		α	Mittelpunktswinkel	in ° (Grad)

Kreisförmige Flächen, Verschnitt

Benennung/Abbildung	Formel/Formelumstellung	Formelzeichen	Einheiten
Ellipse	$A = \dfrac{d \cdot D \cdot \pi}{4}$ $\qquad U = \dfrac{d+D}{2} \cdot \pi$ $d = \dfrac{4 \cdot A}{\pi \cdot D}$ $\qquad d = \dfrac{2 \cdot U}{\pi} - D$ $D = \dfrac{4 \cdot A}{\pi \cdot d}$ $\qquad D = \dfrac{2 \cdot U}{\pi} - d$	A Fläche d kleiner Durchmesser D großer Durchmesser U Umfang	mm², cm², m² mm, cm, m mm, cm, m mm, cm, m
Verschnitt	$A_W = A_1 + A_2$ $\qquad A_1 = A_W - A_2$ $\qquad\qquad\qquad\qquad A_2 = A_W - A_1$ $A_{Ges} = A_W + A_V$ $\qquad A_W = A_{Ges} - A_V$ $A_V = A_{Ges} - A_W$ $A_{V\%} = \dfrac{A_{Ges} - A_W}{A_{Ges}} \cdot 100\,\%$ $A_{W\%} = A_{Ges} - \dfrac{A_{V\%} \cdot A_{Ges}}{100\,\%}$	A_W Werkstückfläche A_1, A_2 Teilflächen des Werkstücks A_V Teilflächen des Verschnitts A_{Ges} Gesamtfläche des Rohteils, Ausgangsfläche $A_{V\%}$ Teilflächen des Verschnitts in Prozent $A_{W\%}$ Werkstückfläche in Prozent	mm², cm², m² mm², cm², m² mm², cm², m² mm², cm², m² % %

Gestreckte Längen

Benennung/Abbildung	Formel/Formelumstellung	Formelzeichen	Einheiten
Gestreckte Länge beim Ringbogen	$l = \dfrac{d_m \cdot \pi \cdot \alpha}{360°}$ $d_m = \dfrac{360° \cdot l}{\pi \cdot \alpha}$ $\quad$ $\alpha = \dfrac{360° \cdot l}{d_m \cdot \pi}$ $d_m = \dfrac{D + d}{2}$ $D = 2 \cdot d_m - d$ $\quad$ $d = 2 \cdot d_m - D$	l gestreckte Länge d_m mittlerer Durchmesser α Mittelpunktswinkel, Biegewinkel D Außendurchmesser d Innendurchmesser	mm, cm, m mm, cm, m in ° (Grad) mm, cm, m mm, cm, m
Zusammengesetzte gestreckte Länge	$l = l_1 + l_2 + \ldots$ $\quad$ $l_1 = \dfrac{d_m \cdot \pi \cdot \alpha}{360°}$ $l = \dfrac{d_m \cdot \pi \cdot \alpha}{360°} + l_2$ $d_m = d + s$ $d_m = D - s$ $d_m = \dfrac{D + d}{2}$ $d_m = \dfrac{360° \cdot (l - l_2)}{\pi \cdot \alpha}$ $\alpha = \dfrac{360° \cdot (l - l_2)}{\pi \cdot d_m}$ $l_2 = l - \dfrac{d_m \cdot \pi \cdot \alpha}{360°}$	l gestreckte Länge, gesamte Länge l_1, l_2 Teillängen D Außendurchmesser d Innendurchmesser d_m mittlerer Durchmesser α Mittelpunktswinkel, Biegewinkel s Dicke, Materialstärke	mm, cm, m mm, cm, m mm, cm, m mm, cm, m mm, cm, m in ° (Grad) mm, cm, m

34 | Teilung von Längen, Lochabstände

Benennung/Abbildung	Formel/Formelumstellung	Formelzeichen		Einheiten
Teilung von Längen mit ungleichen Randenden ($a \neq b$)	$p = \dfrac{l-(a+b)}{n-1}$ $l = p \cdot (n-1) + a + b$ $a = l - b - p \cdot (n-1)$ $b = l - a - p \cdot (n-1)$ $n = \dfrac{l-(a+b)}{p} + 1$	p l a, b n	Teilung, Lochabstände Gesamtlänge Randabstände Anzahl der Bohrungen	mm, cm, m mm, cm, m mm, cm, m
Teilung von Längen mit gleichen Randenden Randabstand = Teilung (gleichmäßig)	$p = \dfrac{l}{n+1}$ $l = p \cdot (n+1)$ $n = \dfrac{l}{p} - 1$ $z = n + 1$	p l n z	Teilung, Lochabstände Gesamtlänge Anzahl der Stäbe, Bohrungen, Sägeschnitte Anzahl der Teilungen, Felder	mm, cm, m mm, cm, m

Trennen von Bauteilen, Neigung, Steigung | 35

Benennung/Abbildung	Formel/Formelumstellung	Formelzeichen	Einheiten
Trennen von Bauteilen	$n = \dfrac{l - l_R}{l_T + s}$ $l_T = \dfrac{l - l_R}{n} - s$ $l_R = l - n \cdot (l_T + s)$ $s = \dfrac{l - l_R}{n} - l_T$ $l = l_R + n \cdot (l_T + s)$	n Anzahl der Teilstücke l Gesamtlänge, Stablänge l_T Länge eines Teilstücks s Breite des Sägeschnitts l_R Restlänge	mm, cm, m mm, cm, m mm, cm, m mm, cm, m mm, cm, m
Neigung, Steigung und Steigung in Prozent	$\tan \alpha = \dfrac{1}{y}$ $\tan \alpha = \dfrac{h}{l}$ $\tan \alpha = \dfrac{1}{y} = \dfrac{h}{l}$ $y = \dfrac{l}{h}$ $h = \dfrac{l}{y}$ $l = y \cdot h$ $P = \tan \alpha \cdot 100\,\%$ $\tan \alpha = \dfrac{P}{100\,\%}$ $P = \dfrac{h \cdot 100\,\%}{l}$ $l = \dfrac{h \cdot 100\,\%}{P}$ $h = \dfrac{P \cdot l}{100\,\%}$	α Steigungs- bzw. Neigungswinkel $\dfrac{1}{y}$ Steigungs- bzw. Neigungsverhältnis h Höhe l Länge der Waagerechten P Steigung in Prozent y Länge der Waagerechten bei Höhe $h = 1$	in ° (Grad) $\dfrac{1}{\text{mm}}, \dfrac{1}{\text{cm}}, \dfrac{1}{\text{m}}$ mm, cm, m mm, cm, m % mm, cm, m

Volumen, Oberfläche

Benennung/Abbildung	Formel/Formelumstellung	Formelzeichen	Einheiten
Würfel	$V = l \cdot l \cdot l$ $V = l^3 \qquad l = \sqrt[3]{V}$ $A_O = 6 \cdot l^2$ $l = \sqrt{\dfrac{A_O}{6}}$	V Volumen l Seitenlänge A_O Oberfläche	mm³, cm³, m³ mm, cm, m mm², cm², m²
Prisma, Quader	$V = l \cdot b \cdot h \qquad l = \dfrac{V}{b \cdot h}$ $b = \dfrac{V}{l \cdot h} \qquad h = \dfrac{V}{l \cdot b}$ $A_O = 2 \cdot (l \cdot h + l \cdot b + b \cdot h)$ $l = \dfrac{A_O - 2 \cdot b \cdot h}{2 \cdot (b + h)} \qquad h = \dfrac{A_O - 2 \cdot b \cdot l}{2 \cdot (b + l)}$ $b = \dfrac{A_O - 2 \cdot h \cdot l}{2 \cdot (h + l)}$	V Volumen l Seitenlänge h Höhe b Breite A_O Oberfläche	mm³, cm³, m³ mm, cm, m mm, cm, m mm, cm, m mm², cm², m²

Volumen, Oberfläche

Benennung/Abbildung	Formel/Formelumstellung	Formelzeichen	Einheiten
Zylinder	$V = \dfrac{d^2 \cdot \pi}{4} \cdot h$ $d = \sqrt{\dfrac{4 \cdot V}{\pi \cdot h}} \qquad h = \dfrac{4 \cdot V}{\pi \cdot d^2}$ $A_M = d \cdot \pi \cdot h$ $d = \dfrac{A_M}{\pi \cdot h} \qquad h = \dfrac{A_M}{d \cdot \pi}$ $A_O = A_M + \dfrac{2 \cdot d^2 \cdot \pi}{4}$ $A_O = d \cdot \pi \cdot h + 2 \cdot \dfrac{d^2 \cdot \pi}{4};\ A_O = d \cdot \pi \cdot \left(h + \dfrac{d}{2}\right)$ $h = \dfrac{A_O}{\pi \cdot d} - \dfrac{d}{2}$ $d = \sqrt{\dfrac{2 \cdot A_O}{\pi} + h^2} - h$	V Volumen d Durchmesser h Höhe A_M Mantelfläche A_O Oberfläche gesamt A Deck- und Bodenfläche	mm³, cm³, m³ mm, cm, m mm, cm, m mm², cm², m² mm², cm², m² mm², cm², m²

Volumen, Oberfläche

Benennung/Abbildung	Formel/Formelumstellung	Formelzeichen	Einheiten

Hohlzylinder	$V = \dfrac{(D^2 - d^2) \cdot \pi}{4} \cdot h$ $D = \sqrt{\dfrac{4 \cdot V}{\pi \cdot h} + d^2}$ $d = \sqrt{D^2 - \dfrac{4 \cdot V}{\pi \cdot h}}$ $h = \dfrac{4 \cdot V}{\pi \cdot (D^2 - d^2)}$ $A_O = \pi \cdot (D + d) \cdot \left[\dfrac{1}{2}(D - d) + h\right]$ $h = \dfrac{A_O}{\pi \cdot (D + d)} - \dfrac{1}{2} \cdot (D - d)$ $D = \sqrt{h^2 + \dfrac{2 \cdot A_O}{\pi} + d^2 - 2 \cdot h \cdot d} - h$ $d = h - \sqrt{h^2 - \dfrac{2 \cdot A_O}{\pi} + D^2 + 2 \cdot h \cdot D}$ gilt für $d < h$ $d = h + \sqrt{h^2 - \dfrac{2 \cdot A_O}{\pi} + D^2 + 2 \cdot h \cdot D}$ gilt für $d > h$	V Volumen
		D Außendurchmesser
		d Innendurchmesser
		h Höhe
		A_O Oberfläche
		    (alle Flächen mit
		    Innenfläche des Hohl-
		    zylinders)
			mm³, cm³, m³
			mm, cm, m
			mm, cm, m
			mm, cm, m
			mm², cm², m²

Volumen, Oberfläche, Kegelabwicklung | 39

Benennung/Abbildung	Formel/Formelumstellung	Formelzeichen	Einheiten
Kegel 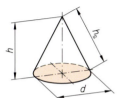	$V = \dfrac{d^2 \cdot \pi}{4} \cdot \dfrac{h}{3}$ $\quad d = \sqrt{\dfrac{12 \cdot V}{\pi \cdot h}} \quad h = \dfrac{12 \cdot V}{\pi \cdot d^2}$ $h_S = \sqrt{\left(\dfrac{d}{2}\right)^2 + h^2} \quad d = 2 \cdot \sqrt{h_S^2 - h^2}$ $\hphantom{h_S = \sqrt{\left(\dfrac{d}{2}\right)^2 + h^2}} \quad h = \sqrt{h_S^2 - \dfrac{d^2}{4}}$ $A_M = \dfrac{d \cdot \pi \cdot h_S}{2} \quad d = \dfrac{2 \cdot A_M}{\pi \cdot h_S} \quad h_S = \dfrac{2 \cdot A_M}{\pi \cdot d}$	**Kegel** V Volumen d Durchmesser h Höhe A_M Mantelfläche h_S Mantelhöhe	mm³, cm³, m³ mm, cm, m mm, cm, m mm², cm², m² mm, cm, m
Kegelabwicklung 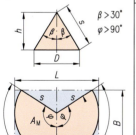	**Kegelabwicklung** Für $\beta \geq 30° \; \varphi \geq 90°$ $L = 2 \cdot s \qquad A_M = \dfrac{\pi \cdot s^2 \cdot \varphi}{180°}$ $B = s \cdot (1 - \cos\varphi)$ $b = \dfrac{s \cdot \pi \cdot \varphi}{90°} \qquad A_V = \dfrac{(A_{Ges} - A_M) \cdot 100\%}{A_{Ges}}$ $s = \dfrac{b \cdot 90°}{\pi \cdot \varphi}$ $\varphi = \dfrac{b \cdot 90°}{\pi \cdot s}$	**Kegelabwicklung** s Länge der Mantellinie h Höhe des Kegels D Durchmesser des Kegels B Breite der Blechtafel β halber Kegelwinkel L Länge der Blechtafel φ halber Spitzenwinkel der Mantelflächenabwicklung A_M Mantelflächenabwicklung b Länge des Kreisbogens mit dem Mittelpunktswinkel 2φ A_{Ges} Fläche der Blechtafel A_V Verschnitt	mm, cm mm, cm mm, cm mm, cm in ° (Grad) mm, cm, m in ° (Grad) mm², cm², m² mm, cm, m mm², cm², m² %

Volumen, Oberfläche

Benennung/Abbildung	Formel/Formelumstellung	Formelzeichen		Einheiten
Kegelstumpf	$V = \dfrac{\pi \cdot h}{12} \cdot (d_1^2 + d_2^2 + d_1 \cdot d_2)$	V	Volumen	mm³, cm³, m³
		h	Höhe	mm, cm, m
	$V \approx A_m \cdot h \quad A_m = \dfrac{d_1^2 + d_2^2}{2} \cdot \dfrac{\pi}{4}$	d_1	großer Durchmesser	mm, cm, m
		d_2	kleiner Durchmesser	mm, cm, m
	$A_M = \dfrac{d_1 + d_2}{2} \cdot \pi \cdot h_S$	d_m	mittlerer Durchmesser	mm, cm, m
	$d_1 = \dfrac{2 \cdot A_M}{\pi \cdot h_S} - d_2; \quad d_2 = \dfrac{2 \cdot A_M}{\pi \cdot h_S} - d_1$	A_m	Mittelfläche	mm², cm², m²
		A_M	Mantelfläche	mm², cm², m²
	$A_O = A_M + \dfrac{\pi}{4} \cdot (d_1^2 + d_2^2)$	h_S	Mantelhöhe	mm, cm, m
		A_O	Oberfläche	mm², cm², m²
	$h = \sqrt{h_S^2 - \left(\dfrac{d_1 - d_2}{2}\right)^2}$	h	Höhe	mm, cm, m
	$h_S = \sqrt{h^2 + \left(\dfrac{d_1 - d_2}{2}\right)^2}$			

Volumen, Oberfläche

Benennung/Abbildung	Formel/Formelumstellung	Formelzeichen		Einheiten
Pyramide	$V = l \cdot b \cdot \dfrac{h}{3}$	V	Volumen	mm³, cm³, m³
	$l = \dfrac{3 \cdot V}{b \cdot h}$	l	Seitenlänge	mm, cm, m
	$b = \dfrac{3 \cdot V}{l \cdot h}$	b	Breite	mm, cm, m
	$h = \dfrac{3 \cdot V}{l \cdot b}$	h	Höhe	mm, cm, m
	$h_S = \sqrt{l_1^2 - \left(\dfrac{b}{2}\right)^2}$	l_1	Kantenlänge	mm, cm, m
	$l_1 = \sqrt{h_S^2 + \dfrac{b^2}{4}}$	h_S	Mantelhöhe	mm, cm, m
	$b = 2 \cdot \sqrt{l_1^2 - h_S^2}$			

Volumen, Oberfläche

Benennung/Abbildung	Formel/Formelumstellung	Formelzeichen		Einheiten
Pyramidenstumpf	$V = (A_1 + A_2 + \sqrt{A_1 \cdot A_2}) \cdot \dfrac{h}{3}$	V	Volumen	mm³, cm³, m³
		A_1	Grundfläche	mm², cm², m²
	$h = \dfrac{3 \cdot V}{A_1 + A_2 + \sqrt{A_1 \cdot A_2}}$	A_2	Deckfläche	mm², cm², m²
	$A_1 = b_1 \cdot l_1$	l_1	Seitenlänge, gr.	mm, cm, m
	$b_1 = \dfrac{A_1}{l_1} \qquad l_1 = \dfrac{A_1}{b_1}$	l_2	Seitenlänge, kl.	mm, cm, m
		b_1	Breite, gr.	mm, cm, m
	$A_2 = b_2 \cdot l_2$	b_2	Breite, kl.	mm, cm, m
	$b_2 = \dfrac{A_2}{l_2} \qquad l_2 = \dfrac{A_2}{b_2}$	h	Höhe	mm, cm, m
		h_S	Mantelhöhe	mm, cm, m
	$h_S = \sqrt{h^2 + \dfrac{1}{4} \cdot (l_1^2 - 2 \cdot l_1 \cdot l_2 + l_2^2)}$			
	$h = \sqrt{h_S^2 - \left(\dfrac{l_1 - l_2}{2}\right)^2}$			
	$A_1 = \dfrac{1}{2} \cdot \left(\dfrac{6 \cdot V}{h} - A_2\right) - \dfrac{1}{2} \sqrt{\dfrac{12 \cdot V \cdot A_2}{h} - 3 \cdot A_2^2}$			
	$A_2 = \dfrac{1}{2} \cdot \left(\dfrac{6 \cdot V}{h} - A_1\right) - \dfrac{1}{2} \sqrt{\dfrac{12 \cdot V \cdot A_1}{h} - 3 \cdot A_1^2}$			

Volumen, Oberfläche

Benennung/Abbildung	Formel/Formelumstellung		Formelzeichen		Einheiten
Guldin'sche Regel	$V = S \cdot d_S \cdot \pi$	$s = d_S \cdot \pi$	V	Volumen	mm³, cm³, m³
	$S = \dfrac{V}{d_S \cdot \pi}$	$d_S = \dfrac{V}{S \cdot \pi}$	S	Querschnittsfläche	mm², cm², m²
			d_S	Schwerpunkts-durchmesser	mm, cm, m
	$A_O = U \cdot d_S \cdot \pi$	$s = d_S \cdot \pi$	A_O	Oberfläche	mm², cm², m²
	$U = \dfrac{A_O}{d_S \cdot \pi}$	$d_S = \dfrac{A_O}{U \cdot \pi}$	U	Umfang	mm, cm, m
			l	Seitenlänge	mm, cm, m
			s	Schwerpunktsweg	mm, cm, m
Kugel	$V = \dfrac{d^3 \cdot \pi}{6}$		V	Volumen	mm³, cm³, m³
	$d = \sqrt[3]{\dfrac{6 \cdot V}{\pi}}$		d	Kugeldurchmesser	mm, cm, m
	$A_O = d^2 \cdot \pi$		A_O	Oberfläche	mm², cm², m²
	$d = \sqrt{\dfrac{A_O}{\pi}}$				

44 | Volumen, Oberfläche

Benennung/Abbildung	Formel/Formelumstellung	Formelzeichen		Einheiten
Kugelabschnitt, Kalotte	$V = \pi \cdot h^2 \cdot \left(\dfrac{d}{2} - \dfrac{h}{3}\right)$	V	Volumen	mm³, cm³, m³
		d	Kugeldurchmesser	mm, cm, m
	$d = 2 \cdot \left(\dfrac{V}{\pi \cdot h^2} + \dfrac{h}{3}\right)$	h	Höhe	mm, cm, m
		A_M	Mantelfläche	mm², cm², m²
	$A_M = d \cdot \pi \cdot h$	A_O	Oberfläche	mm², cm², m²
	$h = \dfrac{A_M}{d \cdot \pi} \qquad d = \dfrac{A_M}{\pi \cdot h}$	d_1	Kugelabschnittdurchmesser	mm, cm, m
	$A_O = \pi \cdot h \cdot (2 \cdot d - h)$	A	Grundfläche	mm², cm², m²
	$d = \dfrac{A_O}{2 \cdot \pi \cdot h} + \dfrac{h}{2}$	r	Kugelhalbmesser	mm, cm, m
	$A = \dfrac{d_1^2 \cdot \pi}{4}$			
	$d_1 = 2 \cdot \sqrt{h \cdot (2 \cdot r - h)}$			
	$d = h + \dfrac{d_1^2}{4 \cdot h}$			
	$h = r - \sqrt{r^2 - \dfrac{d_1^2}{4}}$			
	$h = \dfrac{d - \sqrt{d^2 - d_1^2}}{2}$			

Volumen, Oberfläche

Benennung/Abbildung	Formel/Formelumstellung	Formelzeichen	Einheiten
Kugelausschnitt, Kugelsektor	$V = \dfrac{\pi}{6} \cdot d^2 \cdot h$ $d = \sqrt{\dfrac{6 \cdot V}{\pi \cdot h}}$ $h = \dfrac{6 \cdot V}{\pi \cdot d^2}$ $A_O = \dfrac{\pi \cdot d}{4} \cdot (4 \cdot h + d_1)$ $d = \dfrac{4 \cdot A_O}{\pi \cdot (4 \cdot h + d_1)}$ $d_1 = \dfrac{4 \cdot A_O}{\pi \cdot d} - 4 \cdot h$ $d_1 = 2 \cdot \sqrt{h \cdot (2 \cdot r - h)}$ $d = h + \dfrac{d_1^2}{4 \cdot h}$ $h = r - \sqrt{r^2 - \dfrac{d_1^2}{4}}$ $h = \dfrac{d - \sqrt{d^2 - d_1^2}}{2}$	V Volumen d Kugeldurchmesser h Höhe A_O Oberfläche d_1 kleiner Durchmesser r Kugelhalbmesser	mm³, cm³, m³ mm, cm, m mm, cm, m mm², cm², m² mm, cm, m mm, cm, m

46 | Volumen, Oberfläche

Benennung/Abbildung	Formel/Formelumstellung	Formelzeichen	Einheiten
Kugelzone, Kugelschicht d_1, d_2, h, d	$V = \dfrac{\pi}{24} \cdot h \cdot (3 \cdot d_1^2 + 3 \cdot d_2^2 + 4 \cdot h^2)$ $d_1 = \sqrt{\dfrac{8 \cdot V}{\pi \cdot h} - d_2^2 - \dfrac{4}{3} \cdot h^2}$ $d_2 = \sqrt{\dfrac{8 \cdot V}{\pi \cdot h} - d_1^2 - \dfrac{4}{3} \cdot h^2}$ $A_M = \pi \cdot d \cdot h \quad d = \dfrac{A_M}{\pi \cdot h} \quad h = \dfrac{A_M}{\pi \cdot d}$ $A_O = \dfrac{\pi}{4} \cdot (4 \cdot d \cdot h + d_1^2 + d_2^2)$ $d = \left(\dfrac{4 \cdot A_O}{\pi} - d_1^2 - d_2^2\right) \cdot \dfrac{1}{4 \cdot h}$ $d_1 = \sqrt{\dfrac{4 \cdot A_O}{\pi} - 4 \cdot d \cdot h - d_2^2}$ $d_2 = \sqrt{\dfrac{4 \cdot A_O}{\pi} - 4 \cdot d \cdot h - d_1^2}$ $h = \left(\dfrac{A_O}{\pi} - \dfrac{d_1^2}{4} - \dfrac{d_2^2}{4}\right) \cdot \dfrac{1}{d}$	V Volumen d Kugeldurchmesser d_1 Durchmesser, gr. d_2 Durchmesser, kl. h Höhe A_M Mantelfläche A_O Oberfläche	mm³, cm³, m³ mm, cm, m mm, cm, m mm, cm, m mm, cm, m mm², cm², m² mm², cm², m²

Rohlängen, Schmieden, Umformen | 47

Benennung/Abbildung	Formel/Formelumstellung	Formelzeichen		Einheiten
Rohlängen für Schmiede- und Pressteile	Volumen ohne Abbrand, Grat $$V_1 = V_2$$ $$V_1 = \frac{d_1^2 \cdot \pi}{4} \cdot l_1$$ $$V_2 = \frac{d_2^2 \cdot \pi}{4} \cdot l_2$$ $$d_1^2 \cdot l_1 = d_2^2 \cdot l_2$$ $d_1 = \sqrt{\dfrac{d_2^2 \cdot l_2}{l_1}}$ $l_1 = \dfrac{d_2^2 \cdot l_2}{d_1^2}$ $d_2 = \sqrt{\dfrac{d_1^2 \cdot l_1}{l_2}}$ $l_2 = \dfrac{d_1^2 \cdot l_1}{d_2^2}$ Berechnung mit Zuschlagfaktor q für Abbrand oder Gratverlust $$V_1 = V_2 + q \cdot V_2$$ $$V_1 = V_2 \cdot (1 + q)$$ $$V_2 = \frac{V_1}{1 + q}$$ $$q = \frac{V_1}{V_2} - 1$$	V_1 V_2 d_1 d_2 l_1 l_2 q	Ausgangsvolumen Endvolumen des neu geschmiedeten Zapfens/Teils Ausgangsdurchmesser Enddurchmesser des geschmiedeten Zapfens/Teils Ausgangslänge der Zugabe Länge des neu geschmiedeten Zapfens/Teils Zuschlagfaktor für Abbrand oder Gratverlust Zum Beispiel: Abbrand: $10\% \rightarrow q = 0{,}10$ $14\% \rightarrow q = 0{,}14$ $18\% \rightarrow q = 0{,}18$	mm³, cm³ mm³, cm³ mm, cm mm, cm mm, cm mm, cm

48 | Rohlängen, Schmieden, Umformen

Benennung/Abbildung	Formel/Formelumstellung	Formelzeichen	Einheiten
Rohlängen für Schmiede- und Pressteile Abbrand Gratverlust	Volumen ohne Abbrand, Grat $$V_a = V_e$$ Volumen mit Abbrand, Grat $$V_a = V_e + V_e \cdot q$$ $$V_a = V_e \cdot (1+q)$$ $$A_1 \cdot l_1 = A_2 \cdot l_2 \cdot (1+q)$$ $A_1 = \dfrac{A_2 \cdot l_2 \cdot (1+q)}{l_1} \qquad V_e = \dfrac{V_a}{1+q}$ $l_1 = \dfrac{A_2 \cdot l_2 \cdot (1+q)}{A_1} \qquad q = \dfrac{V_a}{V_e} - 1$ $A_2 = \dfrac{A_1 \cdot l_1}{l_2 \cdot (1+q)}$ $l_2 = \dfrac{A_1 \cdot l_1}{A_2 \cdot (1+q)}$ $q = \dfrac{A_1 \cdot l_1}{A_2 \cdot l_2} - 1$	V_a Volumen des Rohteils V_e Volumen des neu geschmiedeten Zapfens/Teils A_1 Ausgangsflächenquerschnitt l_1 Ausgangslänge der Zugabe A_2 Querschnittsfläche des Fertigteils l_2 Länge des neu angeschmiedeten Zapfens/Teils q Zuschlagsfaktor für Abbrand oder Gratverlust Zum Beispiel: Abbrand: 10 % → $q = 0{,}10$ 14 % → $q = 0{,}14$ 18 % → $q = 0{,}18$	mm^3, cm^3 mm^3, cm^3 mm^2, cm^2 mm, cm mm^2, cm^2 mm, cm

Masseberechnung

Benennung/Abbildung	Formel/Formelumstellung	Formelzeichen	Einheiten
Dichte, Masse $V = 1$ cm³ $V = 0{,}13$ cm³ 1 g Wasser 1 g Eisen	$m = \varrho \cdot V$ $V = \dfrac{m}{\varrho}$ $\varrho = \dfrac{m}{V}$	m Masse ϱ Dichte V Volumen	g, kg, t $\dfrac{mg}{mm^3}, \dfrac{g}{cm^3}, \dfrac{kg}{dm^3}, \dfrac{t}{m^3}$ cm³, dm³, m³ $1\dfrac{mg}{mm^3} = 1\dfrac{g}{cm^3}$ $= 1\dfrac{kg}{dm^3} = 1\dfrac{t}{m^3}$
Zusammengesetzte Massen $V = V_1 + V_2 + V_3$	$m = (V_1 + V_2 + V_3 + \ldots) \cdot \varrho$ $\varrho = \dfrac{m}{V_1 + V_2 + V_3 + \ldots}$ $V_1 = \dfrac{m}{\varrho} - V_2 - V_3 - \ldots$	m Masse ϱ Dichte V_1, V_2, V_3 Volumen	g, kg, t $\dfrac{mg}{mm^3}, \dfrac{g}{cm^3}, \dfrac{kg}{dm^3}, \dfrac{t}{m^3}$ cm³, dm³, m³ $1\dfrac{mg}{mm^3} = 1\dfrac{g}{cm^3}$ $= 1\dfrac{kg}{dm^3} = 1\dfrac{t}{m^3}$

Masseberechnung

Benennung/Abbildung	Formel/Formelumstellung	Formelzeichen		Einheiten
Längenbezogene Masse m' in kg/m	$m = m' \cdot l$ $l = \dfrac{m}{m'}$ $m' = \dfrac{m}{l}$	m m' l z	Masse längenbezogene Masse Länge des Werkstücks Anzahl, Stückzahl Die längenbezogene Masse wird für eine Länge von 1 m des jeweils spezifischen Materials in Tabellenbüchern angegeben, z. B. für Formstähle, Stähle, Profile, Rohre, Drähte.	kg kg/m m
Flächenbezogene Masse m'' in kg/m²	$m = m'' \cdot A$ $m'' = \dfrac{m}{A}$ $A = \dfrac{m}{m''}$	m m'' A z	Masse flächenbezogene Masse Fläche des Werkstücks Anzahl, Stückzahl Die flächenbezogene Masse wird für eine Fläche von 1 m² des jeweils spezifischen Materials in Tabellenbüchern angegeben, z. B. für Konstruktionen aus Stahlblechen, Al, Cu, PVC u. a.	kg kg/m² m²

Bewegungslehre, geradlinige Bewegung u. a.

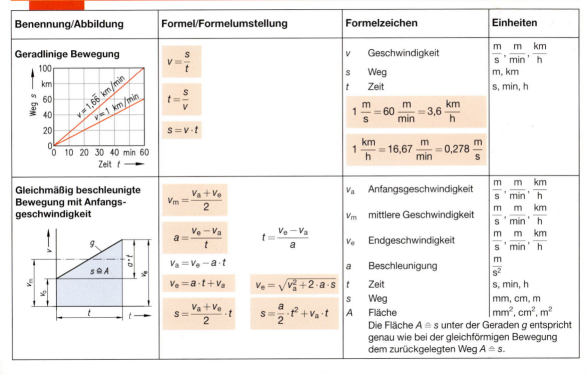

Benennung/Abbildung	Formel/Formelumstellung	Formelzeichen	Einheiten
Geradlinige Bewegung	$v = \dfrac{s}{t}$ $t = \dfrac{s}{v}$ $s = v \cdot t$ 	v Geschwindigkeit s Weg t Zeit $1\,\dfrac{m}{s} = 60\,\dfrac{m}{min} = 3{,}6\,\dfrac{km}{h}$ $1\,\dfrac{km}{h} = 16{,}67\,\dfrac{m}{min} = 0{,}278\,\dfrac{m}{s}$	$\dfrac{m}{s},\,\dfrac{m}{min},\,\dfrac{km}{h}$ m, km s, min, h
Gleichmäßig beschleunigte Bewegung mit Anfangsgeschwindigkeit	$v_m = \dfrac{v_a + v_e}{2}$ $a = \dfrac{v_e - v_a}{t}$ $t = \dfrac{v_e - v_a}{a}$ $v_a = v_e - a \cdot t$ $v_e = a \cdot t + v_a$ $v_e = \sqrt{v_a^2 + 2 \cdot a \cdot s}$ $s = \dfrac{v_a + v_e}{2} \cdot t$ $s = \dfrac{a}{2} \cdot t^2 + v_a \cdot t$	v_a Anfangsgeschwindigkeit v_m mittlere Geschwindigkeit v_e Endgeschwindigkeit a Beschleunigung t Zeit s Weg A Fläche Die Fläche $A \triangleq s$ unter der Geraden g entspricht genau wie bei der gleichförmigen Bewegung dem zurückgelegten Weg $A \triangleq s$.	$\dfrac{m}{s},\,\dfrac{m}{min},\,\dfrac{km}{h}$ $\dfrac{m}{s},\,\dfrac{m}{min},\,\dfrac{km}{h}$ $\dfrac{m}{s},\,\dfrac{m}{min},\,\dfrac{km}{h}$ $\dfrac{m}{s^2}$ s, min, h mm, cm, m mm², cm², m²

52 Bewegung, Geschwindigkeit

Benennung/Abbildung	Formel/Formelumstellung	Formelzeichen		Einheiten
Geschwindigkeit, geradlinige, gleichförmige Bewegung	$v = \dfrac{s}{t}$ $s = v \cdot t$ $t = \dfrac{s}{v}$	v s t	Geschwindigkeit Weg Zeit	$\dfrac{m}{s}, \dfrac{km}{h}$ m, km s, h $1\,\dfrac{m}{s} = 60\,\dfrac{m}{min} = 3600\,\dfrac{m}{h} = 3{,}6\,\dfrac{km}{h}$ $1\,\dfrac{km}{h} = 16{,}67\,\dfrac{m}{min}\; 0{,}278\,\dfrac{m}{s}$
Gleichförmige Kreisbewegung, Umfangsgeschwindigkeit	$v = \dfrac{d \cdot \pi \cdot n}{1000 \cdot 60}$ (zugeschnittene Größengleichung) $d = \dfrac{v \cdot 1000 \cdot 60}{\pi \cdot n}$ $n = \dfrac{v \cdot 1000 \cdot 60}{d \cdot \pi}$	v d n ω r	Umfangs-geschwindigkeit Durchmesser Umdrehungsfrequenz (Drehzahl) Winkel-geschwindigkeit Halbmesser	$\dfrac{m}{s}$ mm $min^{-1} = \dfrac{1}{min}$ $\dfrac{1}{s} = s^{-1}$ mm *Fortsetzung*

Bewegung, Geschwindigkeit | 53

Benennung/Abbildung	Formel/Formelumstellung	Formelzeichen	Einheiten
Fortsetzung **Gleichförmige Kreisbewegung, Umfangsgeschwindigkeit**	$v = r \cdot \omega$ $r = \dfrac{v}{\omega}$ $\omega = \dfrac{v}{r}$	v Umfangsgeschwindigkeit d Durchmesser n Umdrehungsfrequenz (Drehzahl) ω Winkelgeschwindigkeit r Halbmesser	$\dfrac{m}{s}$ m $min^{-1} = \dfrac{1}{min}$ $\dfrac{1}{s} = s^{-1}$ m
Winkelgeschwindigkeit	$\omega = \dfrac{2 \cdot \pi \cdot n}{60} = \dfrac{\pi \cdot n}{30}$ (zugeschnittene Größengleichung) $n = \dfrac{60 \cdot \omega}{2 \cdot \pi} = \dfrac{30 \cdot \omega}{\pi}$	ω Winkelgeschwindigkeit n Umdrehungsfrequenz (Drehzahl) r Halbmesser	$\dfrac{1}{s} = s^{-1}$ $\dfrac{1}{min} = min^{-1}$ m

Bewegung, Geschwindigkeit

Benennung/Abbildung	Formel/Formelumstellung	Formelzeichen	Einheiten
Mittlere Kurbelgeschwindigkeit	$v_m = 2 \cdot s \cdot n$ $s = \dfrac{v_m}{2 \cdot n}$ $n = \dfrac{v_m}{2 \cdot s}$	v_m mittlere Geschwindigkeit s Hublänge n Kurbeldrehzahl, Anzahl der Doppelhübe	$\dfrac{m}{min}$ m $\dfrac{1}{min}$
Mittlere Kolbengeschwindigkeit	$v_m = 2 \cdot s \cdot n$ $s = \dfrac{v_m}{2 \cdot n}$ $n = \dfrac{v_m}{2 \cdot s}$	v_m mittlere Kolbengeschwindigkeit s Kolbenhub n Umdrehungsfrequenz (Drehzahl)	$\dfrac{m}{min}$ m $\dfrac{1}{min}$

Bewegung, Geschwindigkeit, freier Fall

Benennung/Abbildung	Formel/Formelumstellung				Formelzeichen		Einheiten
Gleichmäßig beschleunigte und verzögerte Bewegung	$v =$	$a \cdot t$	$\dfrac{2 \cdot s}{t}$	$\sqrt{2 \cdot a \cdot s}$	v	Endgeschwindigkeit	$\dfrac{m}{s}$
	$t =$	$\dfrac{v}{a}$	$\dfrac{2 \cdot s}{v}$	$\sqrt{\dfrac{2 \cdot s}{a}}$	a	Beschleunigung, Verzögerung	$\dfrac{m}{s^2}$
	$a =$	$\dfrac{v}{t}$	$\dfrac{v^2}{2 \cdot s}$	$\dfrac{2 \cdot s}{t^2}$	s	Weg	m
	$s =$	$\dfrac{v \cdot t}{2}$	$\dfrac{v^2}{2 \cdot a}$	$\dfrac{a \cdot t^2}{2}$	t	Zeit	s
					v	Anfangsgeschwindigkeit bei Verzögerung a, bis zum Stillstand	$\dfrac{m}{s}$
Freier Fall	$v =$	$g \cdot t$	$\dfrac{2 \cdot h}{t}$	$\sqrt{2 \cdot g \cdot h}$	v	Geschwindigkeit	$\dfrac{m}{s}$
	$t =$	$\dfrac{v}{g}$	$\dfrac{2 \cdot h}{v}$	$\sqrt{\dfrac{2 \cdot h}{g}}$	g	Fallbeschleunigung	$9{,}81 \, \dfrac{m}{s^2}$
	$h =$	$\dfrac{v \cdot t}{2}$	$\dfrac{v^2}{2 \cdot g}$	$\dfrac{g \cdot t^2}{2}$	h	Fallhöhe, Wurfhöhe	m
					t	Zeit	s

Kräfte, Kraftübertragung

Benennung/Abbildung	Formel/Formelumstellung	Formelzeichen	Einheiten
Gewichtskraft	$F_G = m \cdot g$ $$m = \frac{F_G}{g}$$	F_G Gewichtskraft m Masse g Erdbeschleunigung, Fallbeschleunigung $9{,}81 \text{ m/s}^2 \approx 10 \frac{m}{s^2}$	N kg m/s^2 $1\,N = 1\,kg \cdot 1\,\frac{m}{s} \cdot \frac{1}{s} = 1\,\frac{kg \cdot m}{s^2}$
Kraft, Beschleunigung, Verzögerung	$F = m \cdot a$ $$m = \frac{F}{a}$$ $$a = \frac{F}{m}$$	F Kraft m Masse a Beschleunigung, Verzögerung	N kg $\frac{m}{s^2}$ $a = \frac{m}{s} \cdot \frac{1}{s} = \frac{m}{s^2}$

Kräfte, Kraftübertragung, Hooke'sches Gesetz | 57

Benennung/Abbildung	Formel/Formelumstellung	Formelzeichen	Einheiten
Drahtlängen von Zug- und Druckfeder	$l = D_m \cdot \pi \cdot (W+2)$ $D_m = \dfrac{l}{\pi \cdot (W+2)}$ $W = \dfrac{l}{D_m \cdot \pi} - 2$ $D_A = D_m + d$	l Länge der federnden Windungen plus zwei Windungen für die Enden D_m mittlerer Federdurchmesser D_A Außendurchmesser W Windungszahl	mm mm mm
Federkraft	$F = R \cdot s$ $R = \dfrac{F}{s}$ $s = \dfrac{F}{R}$	F Federkraft, Hooke'sches Gesetz R Federkonstante, Federrate s Federweg	N $\dfrac{\text{N}}{\text{mm}}$ mm

58 | Kräfte, Kraftübertragung

Benennung/Abbildung	Formel/Formelumstellung	Formelzeichen	Einheiten
Fliehkraft	$F_Z = \dfrac{m \cdot v^2}{r}$ $\qquad F_Z = m \cdot r \cdot \omega^2$ $m = \dfrac{F_Z \cdot r}{v^2}$ $\qquad m = \dfrac{F_Z}{r \cdot \omega^2}$ $r = \dfrac{m \cdot v^2}{F_Z}$ $\qquad r = \dfrac{F_Z}{m \cdot \omega^2}$ $v = \sqrt{\dfrac{F_Z \cdot r}{m}}$ $\qquad \omega = \sqrt{\dfrac{F_Z}{m \cdot r}}$	F_Z Fliehkraft m Masse r Halbmesser ω Winkel-geschwindigkeit v Umfangs-geschwindigkeit	N kg m $\dfrac{1}{s}$ $\dfrac{m}{s}$
Darstellen von Kräften	$l = \dfrac{F}{M_k}$ $\qquad F = M_k \cdot l$ $\qquad\qquad M_k = \dfrac{F}{l}$	F Kraft l Pfeillänge M_k Kräftemaßstab	N mm N/mm
Addieren von Kräften auf gleicher Wirkungslinie	$F_R = F_1 + F_2$ $F_1 = F_R - F_2$ $F_2 = F_R - F_1$	F_1 Einzelkraft F_2 Einzelkraft F_R resultierende Kraft	N N N

Kräfte, Kraftübertragung

Benennung/Abbildung	Formel/Formelumstellung	Formelzeichen	Einheiten
Subtrahieren von Kräften auf gleicher Wirkungslinie	$F_R = F_1 - F_2$ $F_1 = F_R + F_2$ $F_2 = F_1 - F_R$	F_1 Einzelkraft F_2 Einzelkraft F_R resultierende Kraft	N N N
Kräfte auf verschiedener Wirkungslinie	**Zeichnerisches Ermitteln der resultierenden Kraft** a) Geeigneten Kräftemaßstab M_k wählen, z. B. 1 mm = 100 N. b) Einzelkräfte unter Winkel α im Maßstab und Kräfteparallelogramm zeichnen. c) Diagonale ergibt Richtung und Größe der resultierenden Kraft.	F_1, F_2 Einzelkräfte F_R resultierende Kraft α Winkel zwischen F_1 und F_2	N N in ° (Grad)

60 | Hebelgesetz, Drehmoment, einseitiger Hebel

Benennung/Abbildung	Formel/Formelumstellung		Formelzeichen	Einheiten
Hebelgesetz Einseitiger Hebel	$F_1 \cdot l_1 = F_2 \cdot l_2$ $F_1 = \dfrac{F_2 \cdot l_2}{l_1}$ $l_1 = \dfrac{F_2 \cdot l_2}{F_1}$ $F_2 = \dfrac{F_1 \cdot l_1}{l_2}$ $l_2 = \dfrac{F_1 \cdot l_1}{F_2}$	Drehmoment $M = F \cdot l$ $F = \dfrac{M}{l}$ $l = \dfrac{M}{F}$ $\Sigma M_r = \Sigma M_l$	$F_1, F_2, \ldots$ Kräfte am Hebel $l_1, l_2, \ldots$ wirksame Hebellängen M Drehmoment F Kraft l wirksame Hebellänge ΣM_r Summe aller rechtsdrehenden Momente ΣM_l Summe aller linksdrehenden Momente	N mm, cm, m N·m N m N·m N·m
Zweiseitiger Hebel	$F_1 \cdot l_1 = F_2 \cdot l_2$ siehe oben	$M_r = M_l$ $M_r = F_1 \cdot l_1$ $M_l = F_2 \cdot l_2$	$F_1, F_2, \ldots$ Kräfte am Hebel $l_1, l_2, \ldots$ wirksame Hebellängen M_r rechtsdrehendes Moment M_l linksdrehendes Moment	N mm, cm, m N·m N·m

Winkelhebel, Drehmoment, mehrfacher Hebel

Benennung/Abbildung	Formel/Formelumstellung	Formelzeichen	Einheiten
Winkelhebel	$F_1 \cdot l_1 = F_2 \cdot l_2$ $\quad M_l = M_r$ siehe vorherige Seite $M_l = F_1 \cdot l_1$ $M_r = F_2 \cdot l_2$	$F_1, F_2, \ldots$ Kräfte am Hebel $l_1, l_2, \ldots$ wirksame Hebellängen M_r rechtsdrehendes Moment M_l linksdrehendes Moment	N mm, cm, m N·m N·m
Mehrfacher Hebel Drehmoment	$\Sigma \overset{\frown}{M_l} = \Sigma \overset{\frown}{M_r}$ $F_1 \cdot l_1 + F_2 \cdot l_2 + F_4 \cdot l_4 = F_3 \cdot l_3$ $F_1 = \dfrac{F_3 \cdot l_3 - F_2 \cdot l_2 - F_4 \cdot l_4}{l_1}$ $F_2 = \dfrac{F_3 \cdot l_3 - F_1 \cdot l_1 - F_4 \cdot l_4}{l_2}$ $F_3 = \dfrac{F_1 \cdot l_1 + F_2 \cdot l_2 + F_4 \cdot l_4}{l_3}$ $F_4 = \dfrac{F_3 \cdot l_3 - F_1 \cdot l_1 - F_2 \cdot l_2}{l_4}$ $l_1 = \dfrac{F_3 \cdot l_3 - F_2 \cdot l_2 - F_4 \cdot l_4}{F_1}$	$F_1, \ldots F_4$ Kräfte am Hebel $l_1, \ldots l_4$ wirksame Hebellängen ΣM_l Summe aller linksdrehenden Momente ΣM_r Summe aller rechtsdrehenden Momente	N mm, cm, m N·m N·m

Auflagerkräfte, Drehmomente

Benennung/Abbildung	Formel/Formelumstellung	Formelzeichen	Einheiten
Auflagerkräfte	$\Sigma \overset{\frown}{M_l} = \Sigma \overset{\frown}{M_r}$ $$F_A = \frac{F_1 \cdot (l - l_1) + F_G \cdot \frac{l}{2} + F_2 \cdot l_2}{l}$$ $$F_B = \frac{F_1 \cdot l_1 + F_G \cdot \frac{l}{2} + F_2 \cdot (l - l_2)}{l}$$ $F_A + F_B = F_1 + F_2 + F_G$ $F_A = F_1 + F_2 + F_G - F_B$ $F_B = F_1 + F_2 + F_G - F_A$ $F_A \cdot l = F_1 \cdot (l - l_1) + F_G \cdot \frac{l}{2} + F_2 \cdot l_2$ $F_B \cdot l = F_1 \cdot l_1 + F_G \cdot \frac{l}{2} + F_2 \cdot (l - l_2)$ $$l = \frac{F_1 \cdot (l - l_1) + F_G \cdot \frac{l}{2} + F_2 \cdot l_2}{F_A}$$	F_1, F_G, F_2 Kräfte F_A, F_B Auflagerkräfte l, l_1, l_2, l_G Abstände der Kräfte (wirksame Hebellängen) ΣM_r Summe der rechtsdrehenden Momente ΣM_l Summe der linksdrehenden Momente	N N mm, cm, m N·m N·m

Zur Berechnung von Auflagerkräften wird jeweils ein Lagerpunkt F_A oder F_B festgelegt.

Drehmomente bei Zahnradtrieben

Benennung/Abbildung	Formel/Formelumstellung		Formelzeichen		Einheiten
Drehmoment bei Zahnradtrieben	$M_1 = F_1 \cdot \dfrac{d_1}{2}$	$d_1 = m \cdot z_1$	**Treibendes Rad:**		
	$M_2 = F_2 \cdot \dfrac{d_2}{2}$	$d_2 = m \cdot z_2$	M_1	Drehmoment	N·m
			F_1	Zahnkraft	N
	$F_1 = \dfrac{2 \cdot M_1}{d_1}$	$d_1 = \dfrac{2 \cdot M_1}{F_1}$	d_1	Teilkreisdurchmesser	m
	$F_2 = \dfrac{2 \cdot M_2}{d_2}$	$d_2 = \dfrac{2 \cdot M_2}{F_2}$	n_1	Umdrehungsfrequenz (Drehzahl)	min^{-1}
			z_1	Zähnezahl	
	$M_2 = i \cdot M_1$	$M_1 = \dfrac{M_2}{i} \quad i = \dfrac{M_2}{M_1}$	**Getriebenes Rad:**		
			M_2	Drehmoment	N·m
	$\dfrac{M_2}{M_1} = \dfrac{n_1}{n_2}$	$M_2 = \dfrac{M_1 \cdot n_1}{n_2}$	F_2	Zahnkraft	N
			d_2	Teilkreisdurchmesser	m
	$M_1 = \dfrac{M_2 \cdot n_2}{n_1}$	$n_1 = \dfrac{M_2 \cdot n_2}{M_1}$	n_2	Umdrehungsfrequenz (Drehzahl)	min^{-1}
	$\dfrac{M_2}{M_1} = \dfrac{z_2}{z_1}$	$M_2 = \dfrac{M_1 \cdot z_2}{z_1}$	z_2	Zähnezahl	
		$M_1 = \dfrac{M_2 \cdot z_1}{z_2}$	**Für beide Räder:**		
			i	Übersetzungsverhältnis	
	$M_2 = i \cdot M_1 \cdot \eta$	$\eta = \dfrac{M_2}{i \cdot M_1}$	η	Wirkungsgrad	
	$i = \dfrac{M_2}{M_1 \cdot \eta}$	$M_1 = \dfrac{M_2}{i \cdot \eta}$	m	Modul	m, cm, mm

Haftreibung, Gleitreibung, Rollreibung

Benennung/Abbildung	Formel/Formelumstellung	Formelzeichen	Einheiten
Haftreibung 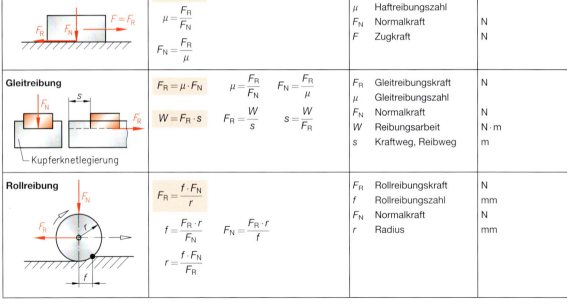	$F_R = \mu \cdot F_N \qquad F_R = F$ $\mu = \dfrac{F_R}{F_N}$ $F_N = \dfrac{F_R}{\mu}$	F_R Haftreibungskraft μ Haftreibungszahl F_N Normalkraft F Zugkraft	N N N
Gleitreibung	$F_R = \mu \cdot F_N \qquad \mu = \dfrac{F_R}{F_N} \qquad F_N = \dfrac{F_R}{\mu}$ $W = F_R \cdot s \qquad F_R = \dfrac{W}{s} \qquad s = \dfrac{W}{F_R}$	F_R Gleitreibungskraft μ Gleitreibungszahl F_N Normalkraft W Reibungsarbeit s Kraftweg, Reibweg	N N N·m m
Rollreibung	$F_R = \dfrac{f \cdot F_N}{r}$ $f = \dfrac{F_R \cdot r}{F_N} \qquad F_N = \dfrac{F_R \cdot r}{f}$ $r = \dfrac{f \cdot F_N}{F_R}$	F_R Rollreibungskraft f Rollreibungszahl F_N Normalkraft r Radius	N mm N mm

Reibungskraft, Reibungsmoment, Reibungsleistung

Benennung/Abbildung	Formel/Formelumstellung	Formelzeichen	Einheiten
Reibung am Zapfen/Lager **Reibungsmoment, Reibungsleistung**	$F_R = \mu \cdot F_N$ $\quad F_N = \dfrac{F_R}{\mu}$ $\mu = \dfrac{F_R}{F_N}$ $M_R = \mu \cdot F_N \cdot \dfrac{d}{2} \quad \mu = \dfrac{2 \cdot M_R}{F_N \cdot d}$ $F_N = \dfrac{2 \cdot M_R}{\mu \cdot d} \quad d = \dfrac{2 \cdot M_R}{\mu \cdot F_N}$ $P_R = F_R \cdot v$ $F_R = \dfrac{P_R}{v} \quad v = \dfrac{P_R}{F_R}$ $P_R = M_R \cdot \omega$ $M_R = \dfrac{P_R}{\omega} \quad \omega = \dfrac{P_R}{M_R}$ $P_R = F_R \cdot d \cdot \pi \cdot n \quad F_R = \dfrac{P_R}{d \cdot \pi \cdot n}$ $d = \dfrac{P_R}{F_R \cdot \pi \cdot n} \quad n = \dfrac{P_R}{F_R \cdot d \cdot \pi}$	F_R Reibungskraft F_N Normalkraft μ Reibungszahl M_R Reibungsmoment d Durchmesser P_R Reibungsleistung v Geschwindigkeit ω Winkel- geschwindigkeit n Umdrehungsfrequenz (Drehzahl)	N N N·m m W m/s 1/s 1/s $1\,W = \dfrac{1\,N \cdot m}{s} = \dfrac{1\,J}{s}$

66 | Reibung am Ringzapfen, Reibungsarbeit

Benennung/Abbildung	Formel/Formelumstellung	Formelzeichen	Einheiten
Reibung am Ringzapfen	$M_R = F \cdot \mu \cdot \dfrac{D+d}{4}$ $F = \dfrac{4 \cdot M_R}{\mu \cdot (D+d)}$ $\mu = \dfrac{4 \cdot M_R}{F \cdot (D+d)}$ $D = \dfrac{4 \cdot M_R}{F \cdot \mu} - d$ $d = \dfrac{4 \cdot M_R}{F \cdot \mu} - D$ Reibungsleistung S. 65	M_R Reibungsmoment F Kraft μ Reibungszahl D Außendurchmesser d Innendurchmesser	N·m N m m
Reibungsarbeit	$W = \mu \cdot F_N \cdot s$ $F_R = \mu \cdot F_N$ $\mu = \dfrac{W}{F_N \cdot s}$ $\mu = \dfrac{F_R}{F_N}$ $F_N = \dfrac{W}{\mu \cdot s}$ $F_N = \dfrac{F_R}{\mu}$ $s = \dfrac{W}{\mu \cdot F_N}$	W Reibungsarbeit F_N Normalkraft s Weg in Kraftrichtung F_R Reibungskraft F Kraft in Wegrichtung μ Reibungszahl bei Haft- oder Gleitreibung	Nm, J, Ws N m N N $1\,J = 1\,N \cdot 1\,m$ $1\,J = \dfrac{1\,kg \cdot m \cdot m}{s^2}$ $1\,J = 1\,Ws$

Feste Rolle, lose Rolle

Benennung/Abbildung	Formel/Formelumstellung		Formelzeichen		Einheiten
Feste Rolle	$F = F_G$		F	aufgewendete Zugkraft	N
	$s = h$		F_G	Gewichtskraft	N
	$W_2 = F_G \cdot h$	$F_G = \dfrac{W_2}{h}$	s	Kraftweg	m
			h	Hubhöhe	m
		$h = \dfrac{W_2}{F_G}$	W_2	abgegebene Arbeit	$N \cdot m = J$
Lose Rolle	$F = \dfrac{F_G}{2}$		F	aufgewendete Zugkraft	N
	$F_G = 2 \cdot F$		F_G	Gewichtskraft	N
	$s = 2 \cdot h$	$W_2 = F_G \cdot h$	s	Kraftweg	m
			h	Hubhöhe	m
	$h = \dfrac{s}{2}$	$F_G = \dfrac{W_2}{h}$	W_2	abgegebene Arbeit	$N \cdot m = J$
		$h = \dfrac{W_2}{F_G}$	Reibung wird vernachlässigt. Damit ist die aufgewendete Arbeit W_1 gleich der abgegebenen Arbeit W_2.		

Flaschenzug

Benennung/Abbildung	Formel/Formelumstellung	Formelzeichen	Einheiten
Flaschenzug	$F \cdot s = F_G \cdot h$ $F = \dfrac{F_G \cdot h}{s}$ $s = \dfrac{F_G \cdot h}{F}$ $F_G = \dfrac{F \cdot s}{h}$ $h = \dfrac{F \cdot s}{F_G}$ $s = h \cdot n$ $\qquad W_2 = F_G \cdot h$ $h = \dfrac{s}{n}$ $\qquad\quad F_G = \dfrac{W_2}{h}$ $n = \dfrac{s}{h}$ $\qquad\quad h = \dfrac{W_2}{F_G}$	F Zugkraft F_G Gewichtskraft s Kraftweg h Hubhöhe n Anzahl der Rollen n Anzahl der tragenden Seilstränge W_2 abgegebene Arbeit	N N m m $N \cdot m = J$

Die Anzahl der tragenden Seile entspricht meist der Anzahl der Rollen.
Reibung wird vernachlässigt. Damit ist die aufgewendete Arbeit W_1 gleich der abgegebenen Arbeit W_2.

Seilwinde

Benennung/Abbildung	Formel/Formelumstellung	Formelzeichen	Einheiten
Seilwinde 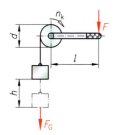	$F \cdot l = F_G \cdot \dfrac{d}{2}$ $F = \dfrac{F_G \cdot d}{2 \cdot l}$ $l = \dfrac{F_G \cdot d}{2 \cdot F}$ $F_G = \dfrac{2 \cdot F \cdot l}{d}$ $d = \dfrac{2 \cdot F \cdot l}{F_G}$ $h = d \cdot \pi \cdot n_k$ $W_2 = F_G \cdot h$ $d = \dfrac{h}{\pi \cdot n_k}$ $F_G = \dfrac{W_2}{h}$ $n_k = \dfrac{h}{d \cdot \pi}$ $h = \dfrac{W_2}{F_G}$	F Kurbelkraft l Kurbellänge F_G Gewichtskraft d Trommeldurchmesser h Hubhöhe n_k Anzahl der Kurbel- umdrehungen W_2 abgegebene Arbeit	N mm, cm, m N mm, cm, m mm, cm, m N·m = J

Reibung wird vernachlässigt. Damit ist die aufgewendete Arbeit W_1 gleich der abgegebenen Arbeit W_2.

Räderwinde, Hangabtriebskraft, Normalkraft, mechanische Arbeit

Benennung/Abbildung	Formel/Formelumstellung	Formelzeichen	Einheiten
Räderwinde	$F \cdot l \cdot i = F_G \cdot R$ $\quad i = \dfrac{z_2}{z_1}$ $F = \dfrac{F_G \cdot R}{l \cdot i}$ $l = \dfrac{F_G \cdot R}{F \cdot i} \quad F_G = \dfrac{F \cdot l \cdot i}{R}$ $i = \dfrac{F_G \cdot R}{F \cdot l} \quad R = \dfrac{F \cdot l \cdot i}{F_G}$ $W_2 = F_G \cdot h \quad F_G = \dfrac{W_2}{h} \quad h = \dfrac{W_2}{F_G}$	F Kurbelkraft l Kurbellänge i Übersetzung z_1 treibendes Zahnrad z_2 getriebenes Zahnrad F_G Gewichtskraft R Radius der Seiltrommel h Hubhöhe W_2 abgegebene Arbeit Reibung wird vernachlässigt. Somit ist $W_1 = W_2$; d. h., die aufgewendete Arbeit ist gleich der abgegebenen Arbeit.	N mm, cm, m N mm, cm, m mm, cm, m N·m = J
Hangabtriebskraft Normalkraft	$W = F_1 \cdot s_1 \quad F_1 = \dfrac{W}{s_1} \quad s_1 = \dfrac{W}{F_1}$ $W = F_G \cdot h \quad F_G = \dfrac{W}{h} \quad h = \dfrac{W}{F_G}$ $F_G \cdot h = F_1 \cdot s_1 \quad$ vgl. S. 69 $F_H = F_G \cdot \sin\alpha \quad F_G = \dfrac{F_H}{\sin\alpha} \quad \sin\alpha = \dfrac{F_H}{F_G}$ $F_N = F_G \cdot \cos\alpha \quad F_G = \dfrac{F_N}{\cos\alpha} \quad \cos\alpha = \dfrac{F_N}{F_G}$ $W = F_H \cdot s_1 \quad F_H = \dfrac{W}{s_1} \quad s_1 = \dfrac{W}{F_H}$	W mechanische Arbeit F_1 aufgewendete Kraft s_1 Weg der Kraft F_1 F_G Gewichtskraft h Höhe, Hubhöhe F_H Hangabtriebskraft α Neigungswinkel F_N Normalkraft	N·m = J N mm, cm, m N mm, cm, m N ° (Grad) N

Schiefe Ebene, Keil, Treibkeil

Schiefe Ebene

Formel/Formelumstellung		Formelzeichen		Einheiten
$F_1 \cdot s_1 = F_2 \cdot h$	$F_2 = F_G$	F_1	aufgewendete Kraft	N
$F_1 = \dfrac{F_2 \cdot h}{s_1}$	$s_1 = \dfrac{F_2 \cdot h}{F_1}$	s_1	Weg der Kraft F_1	mm, cm, m
		F_2	Hebekraft	N
$F_2 = \dfrac{F_1 \cdot s_1}{h}$	$h = \dfrac{F_1 \cdot s_1}{F_2}$	F_G	Gewichtskraft	N
$F_1 = F_2 \cdot \sin\alpha$		h	Hubhöhe	mm, cm, m
$F_2 = \dfrac{F_1}{\sin\alpha}$	$\sin\alpha = \dfrac{F_1}{F_2}$	α	Neigungswinkel	° (Grad)
$W_2 = F_2 \cdot h$	$F_2 = \dfrac{W_2}{h};\ h = \dfrac{W_2}{F_2}$	W_2	abgegebene Arbeit*	$N \cdot m = J$

Keil, Treibkeil

Formel/Formelumstellung		Formelzeichen		Einheiten
$F \cdot s = F_G \cdot h$	$F = F_G \cdot \tan\beta$	F	aufgewendete Kraft	N
$F = \dfrac{F_G \cdot h}{s}$	$F_G = \dfrac{F}{\tan\beta}$	s	Weg der Kraft F, Eintreibweg	mm
$s = \dfrac{F_G \cdot h}{F}$	$\tan\beta = \dfrac{F}{F_G}$	F_G	Last	N
$F_G = \dfrac{F \cdot s}{h}$	$\tan\beta = \dfrac{h}{s}$	h	Lastweg, Hubweg	mm
$h = \dfrac{F \cdot s}{F_G}$	$h = \tan\beta \cdot s$	β	Neigungswinkel	° (Grad)
$W_1 = W_2$		W_1	aufgewendete Arbeit	$N \cdot mm$
$W_1 = F \cdot s$	$s = \dfrac{h}{\tan\beta}$	W_2	abgegebene Arbeit*	$N \cdot mm$
$W_2 = F_G \cdot h$				$1000\ N \cdot mm =$ $1\ N \cdot m = 1\ J = 1\ Ws$

* Reibung wird vernachlässigt. Somit ist $W_1 = W_2$; d.h., die aufgewendete Arbeit ist gleich der abgegebenen Arbeit.

$$l = \dfrac{h_1 \cdot l_n}{h}$$

keillängen Berechnung

Kräfte an der Schraube, Gewindetrieb

Benennung/Abbildung	Formel/Formelumstellung	Formelzeichen	Einheiten
Kräfte an der Schraube	$F_H \cdot 2 \cdot r \cdot \pi = F \cdot P$ * $F_H = \dfrac{F \cdot P}{2 \cdot r \cdot \pi}$ $r = \dfrac{F \cdot P}{2 \cdot F_H \cdot \pi}$ $\quad W_1 = W_2$ $\quad\quad\quad\quad\quad\quad W_1 = F_H \cdot 2 \cdot r \cdot \pi$ $F = \dfrac{F_H \cdot 2 \cdot r \cdot \pi}{P}$ $\quad W_2 = F \cdot P$ $P = \dfrac{F_H \cdot 2 \cdot r \cdot \pi}{F}$	F_H Handkraft r Radius, Hebellänge F Schraubenkraft P Gewindesteigung W_1 aufgewendete Arbeit W_2 abgegebene Arbeit Reibung wird vernachlässigt. Damit gilt: Die aufgewendete Arbeit W_1 ist gleich der abgegebenen Arbeit W_2.	N mm N mm N·mm N·mm 1000 N·mm = 1 N·m = 1 J = 1 Ws
Vorschubgeschwindigkeit beim Gewindetrieb	$v_f = P \cdot n$ $P = \dfrac{v_f}{n}$ $n = \dfrac{v_f}{P}$	v_f Vorschubgeschwindigkeit P Steigung n Umdrehungsfrequenz (Drehzahl) der Kugelgewindespindel	$\dfrac{mm}{min}$ mm min^{-1}

* Die Berechnung erfolgt immer für eine ganze Umdrehung (360°), z. B. der Schraube.

Mechanische Arbeit, Hubarbeit, potenzielle Energie (Lageenergie)

Benennung/Abbildung	Formel/Formelumstellung	Formelzeichen	Einheiten
Mechanische Arbeit	$W = F \cdot s$ $\quad$ $F = F_G$ $F = \dfrac{W}{s}$ $s = \dfrac{W}{F}$	W Arbeit F Kraft F_G Gewichtskraft s Kraftweg	Nm, J, Ws N N m $1\,J = 1\,N \cdot 1\,m$ $1\,J = \dfrac{1\,kg \cdot m \cdot m}{s^2}$ $1\,J = 1\,Ws$
Hubarbeit	$W = F_G \cdot s$ $\quad$ $W = F_G \cdot h$ $\quad$ $F_G = m \cdot g$ $F_G = \dfrac{W}{h}$ $\quad$ $h = \dfrac{W}{F_G}$ $W = m \cdot g \cdot h$ $\quad$ $m = \dfrac{W}{g \cdot h}$ $\quad$ $h = \dfrac{W}{m \cdot g}$ Reibungsarbeit s. S. 66	W Hubarbeit F_G Gewichtskraft s, h Hubhöhe, Weg m Masse des gehobenen Körpers g Erdbeschleunigung	Nm, J, Ws N m kg $9{,}81\,\dfrac{m}{s^2}$
Potenzielle Energie Lageenergie	$W_P = F_G \cdot s$ $\quad$ $F = F_G$ $F_G = \dfrac{W_P}{s}$ $\quad$ $s = \dfrac{W_P}{F_G}$ $W_P = m \cdot g \cdot s$ $\quad$ $F = m \cdot g$ $m = \dfrac{W_P}{s \cdot g}$ $\quad$ $s = \dfrac{W_P}{m \cdot g}$	W_P potenzielle Energie F_G Gewichtskraft s, h Weg, Hub- oder Fallhöhe m Masse g Erdbeschleunigung F Kraft	Nm, J, Ws N m kg $9{,}81\,\dfrac{m}{s^2}$ N

74 | Potenzielle Energie, kinetische Energie

Benennung/Abbildung	Formel/Formelumstellung	Formelzeichen	Einheiten
Potenzielle Energie **Federenergie**	$W_p = \dfrac{R \cdot s^2}{2}$ $R = \dfrac{2 \cdot W_p}{s^2}$ $s = \sqrt{\dfrac{2 \cdot W_p}{R}}$	W_p potenzielle Energie R Federrate s Federweg	J, N·m $\dfrac{N}{m}$ m $1\,\dfrac{N}{mm} = 1000\,\dfrac{N}{m}$
Kinetische Energie **Energie der Bewegung**	$W_K = \dfrac{m \cdot v^2}{2}$ $m = \dfrac{2 \cdot W_K}{v^2}$ $v = \sqrt{\dfrac{2 \cdot W_K}{m}}$	W_K kinetische Energie m Masse v Geschwindigkeit	Nm, J, Ws kg $\dfrac{m}{s}$

Mechanische Leistung bei geradliniger Bewegung

Benennung/Abbildung	Formel/Formelumstellung			Formelzeichen	Einheiten
Mechanische Leistung	$P = \dfrac{W}{t}$	$W = P \cdot t$	$t = \dfrac{W}{P}$	P Leistung W Arbeit t Zeit $F = F_G$ Kraft, Gewichtskraft s Weg in Kraftrichtung v Geschwindigkeit	W Nm, J, Ws s N m $\dfrac{m}{s}$
	$P = \dfrac{F \cdot s}{t}$	$F = \dfrac{P \cdot t}{s}$	$s = \dfrac{P \cdot t}{F}$		
		$t = \dfrac{F \cdot s}{P}$			
				P Leistung F Kraft v Geschwindigkeit t Zeit	W N $\dfrac{m}{s}$ s
	$P = F \cdot v$	$F = \dfrac{P}{v}$	$v = \dfrac{P}{F}$		1 PS ≈ 0,735 kW 1 kW ≈ 1,36 PS PS: veraltete Einheit
	$v = \dfrac{s}{t}$	$s = v \cdot t$			
	$t = \dfrac{s}{v}$			$1\,W = 1\,\dfrac{N \cdot m}{s} = 1\,\dfrac{J}{s}$	1 kW = 1000 W = 1,36 PS

Pumpenleistung

Benennung/Abbildung	Formel/Formelumstellung	Formelzeichen	Einheiten
Pumpenleistung	$P = \dfrac{V \cdot \Delta p}{t}$ $V = \dfrac{P \cdot t}{\Delta p}$ $\quad \Delta p = \dfrac{P \cdot t}{V}$ $t = \dfrac{V \cdot \Delta p}{P}$ $P = q \cdot g \cdot h$ $q = \dfrac{P}{g \cdot h}$ $\quad h = \dfrac{P}{q \cdot g}$ $P = Q \cdot \varrho \cdot g \cdot h$ $Q = \dfrac{P}{\varrho \cdot g \cdot h}$ $\quad \varrho = \dfrac{P}{Q \cdot g \cdot h}$ $h = \dfrac{P}{Q \cdot \varrho \cdot g}$	P Pumpenleistung V Fördervolumen Δp Druckdifferenz t Förderzeit q Massenstrom h Förderhöhe Q Volumenstrom ϱ Dichte g Fallbeschleunigung	W m³ $\dfrac{N}{m^2}$ s $\dfrac{kg}{s}$ m $\dfrac{dm^3}{s}$ $\dfrac{kg}{dm^3}$ $\dfrac{m}{s^2}$

Mechanische Leistung bei Drehbewegung | 77

Benennung/Abbildung	Formel/Formelumstellung		Formelzeichen		Einheiten
Mechanische Leistung bei Drehbewegung	$P = F \cdot v$		P	Leistung	W
	$F = \dfrac{P}{v}$	$v = \dfrac{P}{F}$	F	Kraft	N
			v	Umfangs-geschwindigkeit	$\dfrac{m}{s}$
	$P = F \cdot d \cdot \pi \cdot n$		d	Durchmesser	m
	$F = \dfrac{P}{d \cdot \pi \cdot n}$	$d = \dfrac{P}{F \cdot \pi \cdot n}$	n	Umdrehungsfrequenz (Drehzahl)	$s^{-1}; \dfrac{1}{s}$
	$n = \dfrac{P}{F \cdot d \cdot \pi}$		M	Drehmoment	$N \cdot m$
	$P = 2 \cdot \pi \cdot n \cdot M$	$M = \dfrac{P}{2 \cdot \pi \cdot n}$	ω	Winkel-geschwindigkeit	$s^{-1}; \dfrac{1}{s}$
	$n = \dfrac{P}{2 \cdot \pi \cdot M}$	$M = \dfrac{P}{\omega}$			$\dfrac{1}{min} = 1\,min^{-1} =$ $\dfrac{1}{60s} = 0{,}01667\,s^{-1}$
	$P = M \cdot \omega$	$\omega = \dfrac{P}{M}$			$1\,W = 1\,\dfrac{J}{s} = 1\,\dfrac{N \cdot m}{s}$
Zahlenwertgleichung	$P = \dfrac{M \cdot n}{9550}$	$M = \dfrac{9550 \cdot P}{n}$ $n = \dfrac{9550 \cdot P}{M}$	**In Zahlenwertgleichung einsetzen:** M in $N \cdot m$ n in $1/min$, min^{-1} Das Ergebnis für P ergibt als Einheit kW.		

Wirkungsgrad, Gesamtwirkungsgrad

Benennung/Abbildung	Formel/Formelumstellung	Formelzeichen	Einheiten
Wirkungsgrad zugeführte Energie P_{zu} Energieverluste 35 %, 25 % P_{ab} abgegebene Energie (Nutzenergie)	$\eta = \dfrac{P_{ab}}{P_{zu}} \quad P_{ab} = \eta \cdot P_{zu}$ $P_{zu} = \dfrac{P_{ab}}{\eta}$ $\eta = \dfrac{W_{ab}}{W_{zu}} \quad W_{ab} = \eta \cdot W_{zu}$ $W_{zu} = \dfrac{W_{ab}}{\eta}$ $\eta = \dfrac{M_{ab}}{i \cdot M_{zu}} \quad M_{ab} = \eta \cdot i \cdot M_{zu}$ $i = \dfrac{M_{ab}}{\eta \cdot M_{zu}} \quad M_{zu} = \dfrac{M_{ab}}{i \cdot \eta}$	η Wirkungsgrad P_{ab} abgegebene Leistung P_{zu} zugeführte Leistung W_{ab} abgegebene Arbeit W_{zu} zugeführte Arbeit M_{ab} abgegebenes Drehmoment M_{zu} zugeführtes Drehmoment i Übersetzungsverhältnis	 W, kW W, kW N·m, J, Ws N·m, J, Ws N·m N·m
Gesamtwirkungsgrad Motor η_1, Kupplung η_2, Getriebe η_3, Maschine η_4	$\eta = \eta_1 \cdot \eta_2 \cdot \eta_3 \cdot \eta_4$ $\eta_1 = \dfrac{\eta}{\eta_2 \cdot \eta_3 \cdot \eta_4} \quad \eta_2 = \dfrac{\eta}{\eta_1 \cdot \eta_3 \cdot \eta_4}$ $\eta_3 = \dfrac{\eta}{\eta_1 \cdot \eta_2 \cdot \eta_4} \quad \eta_4 = \dfrac{\eta}{\eta_1 \cdot \eta_2 \cdot \eta_3}$	η Gesamtwirkungsgrad η stets ≤ 1 $\eta_1, \eta_2, \eta_3, \eta_4$ Einzelwirkungsgrade	

Zugbeanspruchung, Spannungs-Dehnungs-Diagramm | 79

Benennung/Abbildung	Formel/Formelumstellung	Formelzeichen		Einheiten
Zugbeanspruchung Spannungs-Dehnungs-Diagramm mit ausgeprägter Streckgrenze, z. B. bei weichem Stahl	$\sigma_z = \dfrac{F}{S}$ $\quad F = \sigma_z \cdot S$ $\quad S = \dfrac{F}{\sigma_z}$	σ_z	Zugspannung	$\dfrac{N}{mm^2}$
		F	Zugkraft	N
		S	Querschnittsfläche	mm^2
	für Stahl u. zähe Werkstoffe: $\sigma_{z_{zul}} = \dfrac{R_e}{v}$ $\quad R_e = \sigma_{z_{zul}} \cdot v$ $\quad v = \dfrac{R_e}{\sigma_{z_{zul}}}$	$\sigma_{z_{zul}}$	zulässige Zugspannung	$\dfrac{N}{mm^2}$
		R_e	Streckgrenze	$\dfrac{N}{mm^2}$
		v	Sicherheitszahl	
	für Gusseisen u. a.: $\sigma_{z_{zul}} = \dfrac{R_m}{v}$ $\quad R_m = \sigma_{z_{zul}} \cdot v$ $\quad v = \dfrac{R_m}{\sigma_{z_{zul}}}$	R_m	Zugfestigkeit	$\dfrac{N}{mm^2}$
		F_{zul}	zulässige Zugkraft	N
		$R_{p0,2}$	Dehngrenze bei 0,2 % bleibender Dehnung	$\dfrac{N}{mm^2}$ s. S. 80
$\sigma_z = \dfrac{F}{S}$	$F_{zul} = \sigma_{z_{zul}} \cdot S$ $\quad \sigma_{z_{zul}} = \dfrac{F_{zul}}{S}$ $\quad S = \dfrac{F_{zul}}{\sigma_{z_{zul}}}$	ε	Dehnung	%
		L_0	Anfangslänge	mm
		L	Messlänge nach Zugversuch	mm
	$\varepsilon = \dfrac{L - L_0}{L_0} \cdot 100\,\%$	**Merke:** An die Stelle von R_e können auch R_m, $R_{p0,2}$ oder die Dauerfestigkeit σ_D treten.		

Zugversuch, Spannungs-Dehnungs-Diagramm, Hooke'sches Gesetz

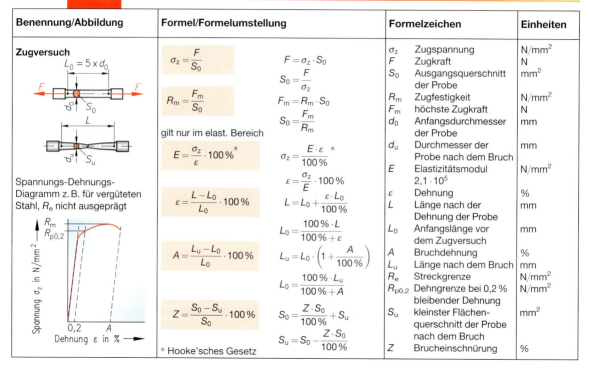

Benennung/Abbildung	Formel/Formelumstellung		Formelzeichen		Einheiten
Zugversuch $L_0 = 5 \times d_0$	$\sigma_z = \dfrac{F}{S_0}$	$F = \sigma_z \cdot S_0$ $S_0 = \dfrac{F}{\sigma_z}$	σ_z	Zugspannung	N/mm²
			F	Zugkraft	N
			S_0	Ausgangsquerschnitt der Probe	mm²
	$R_m = \dfrac{F_m}{S_0}$	$F_m = R_m \cdot S_0$ $S_0 = \dfrac{F_m}{R_m}$	R_m	Zugfestigkeit	N/mm²
			F_m	höchste Zugkraft	N
			d_0	Anfangsdurchmesser der Probe	mm
	gilt nur im elast. Bereich $E = \dfrac{\sigma_z}{\varepsilon} \cdot 100\,\%$ *	$\sigma_z = \dfrac{E \cdot \varepsilon}{100\,\%}$ * $\varepsilon = \dfrac{\sigma_z}{E} \cdot 100\,\%$	d_u	Durchmesser der Probe nach dem Bruch	mm
			E	Elastizitätsmodul $2{,}1 \cdot 10^5$	N/mm²
Spannungs-Dehnungs-Diagramm z. B. für vergüteten Stahl, R_e nicht ausgeprägt	$\varepsilon = \dfrac{L - L_0}{L_0} \cdot 100\,\%$	$L = L_0 + \dfrac{\varepsilon \cdot L_0}{100\,\%}$ $L_0 = \dfrac{100\,\% \cdot L}{100\,\% + \varepsilon}$	ε	Dehnung	%
			L	Länge nach der Dehnung der Probe	mm
			L_0	Anfangslänge vor dem Zugversuch	mm
	$A = \dfrac{L_u - L_0}{L_0} \cdot 100\,\%$	$L_u = L_0 \cdot \left(1 + \dfrac{A}{100\,\%}\right)$ $L_0 = \dfrac{100\,\% \cdot L_u}{100\,\% + A}$	A	Bruchdehnung	%
			L_u	Länge nach dem Bruch	mm
			R_e	Streckgrenze	N/mm²
			$R_{p0,2}$	Dehngrenze bei 0,2 % bleibender Dehnung	N/mm²
	$Z = \dfrac{S_0 - S_u}{S_0} \cdot 100\,\%$	$S_0 = \dfrac{Z \cdot S_0}{100\,\%} + S_u$ $S_u = S_0 - \dfrac{Z \cdot S_0}{100\,\%}$	S_u	kleinster Flächenquerschnitt der Probe nach dem Bruch	mm²
	* Hooke'sches Gesetz		Z	Brucheinschnürung	%

Druckbeanspruchung, Festigkeitsberechnung

Benennung/Abbildung	Formel/Formelumstellung	Formelzeichen	Einheiten
Druckbeanspruchung $\sigma_d = \dfrac{F}{S}$ bei Stahl: $\sigma_{dF} \approx R_e$	$\sigma_d = \dfrac{F}{S}$ $\quad F = \sigma_d \cdot S \quad$ $S = \dfrac{F}{\sigma_d}$ $\sigma_{d_{zul}} = \dfrac{R_e}{v}$ $\quad R_e = \sigma_{d_{zul}} \cdot v \quad$ $v = \dfrac{R_e}{\sigma_{d_{zul}}}$ $\sigma_{d_{zul}} = \dfrac{\sigma_{dF}}{v}$ $\quad v = \dfrac{\sigma_{dF}}{\sigma_{d_{zul}}}$ $\sigma_{dF} = \sigma_{d_{zul}} \cdot v$ $\sigma_{d_{zul}} = \dfrac{F_{zul}}{S}$ $\quad F_{zul} = \sigma_{d_{zul}} \cdot S$ $\quad\quad\quad\quad\quad\quad S = \dfrac{F_{zul}}{\sigma_{d_{zul}}}$ $\sigma_{d_{zul}} = \dfrac{\sigma_{dB}}{v}$ $\quad \sigma_{dB} = \sigma_{d_{zul}} \cdot v$ $\quad\quad\quad\quad\quad\quad v = \dfrac{\sigma_{dB}}{\sigma_{d_{zul}}}$ **für Gusseisen** $\sigma_{d_{zul}} \approx \dfrac{4 \cdot R_m}{v}$ $R_m \approx \dfrac{\sigma_{d_{zul}} \cdot v}{4}$ $\quad v \approx \dfrac{4 \cdot R_m}{\sigma_{d_{zul}}}$	σ_d Druckspannung F Druckkraft S Querschnittsfläche σ_{dB} Druckfestigkeit $\sigma_{d_{zul}}$ zulässige Druckspannung v Sicherheitszahl F_{zul} zulässige Druckkraft σ_{dF} Quetschgrenze $\sigma_{d_{0,2}}$ Stauchgrenze R_e Streckgrenze R_m Zugfestigkeit An die Stelle der Druckfestigkeit σ_{dB} können auch die Quetschgrenze σ_{dF}, die Stauchgrenze $\sigma_{d_{0,2}}$ oder die Dauerfestigkeit σ_D treten.	$\dfrac{N}{mm^2}$ N mm^2 $\dfrac{N}{mm^2}$ $\dfrac{N}{mm^2}$ N $\dfrac{N}{mm^2}$ $\dfrac{N}{mm^2}$ $\dfrac{N}{mm^2}$ $\dfrac{N}{mm^2}$

Flächenpressung, Festigkeitsberechnung

Benennung/Abbildung	Formel/Formelumstellung	Formelzeichen	Einheiten
Flächenpressung	$p = \dfrac{F}{A}$ $F = p \cdot A \qquad A = \dfrac{F}{p}$ $A = l \cdot b$ $b = \dfrac{A}{l} \qquad l = \dfrac{A}{b}$ $A = l \cdot d$ $l = \dfrac{A}{d} \qquad d = \dfrac{A}{l}$	p Flächenpressung F Druckkraft A Druckfläche (projizierte Fläche) l Länge der gepressten Fläche b Beite der Pressfläche d Durchmesser des Zapfens	$\dfrac{N}{mm^2}, \dfrac{N}{cm^2}$ N mm^2, cm^2 mm, cm mm, cm mm, cm

Scherbeanspruchung, Festigkeitsberechnung

Benennung/Abbildung	Formel/Formelumstellung			Formelzeichen		Einheiten
Scherbeanspruchung Scherfestigkeit einschnittig $c=1$ zweischnittig $c=2$	$\tau_a = \dfrac{F}{S \cdot c}$	$F = \tau_a \cdot S \cdot c$	$S = \dfrac{F}{\tau_a \cdot c}$	τ_a	Scherspannung	N/mm²
	$c = \dfrac{F}{\tau_a \cdot S}$			F	Scherkraft	N
				S	Querschnittsfläche für einen Flächenquerschnitt	mm²
	$S_{erf} = \dfrac{F}{\tau_{a_{zul}}}$	$F = \tau_{a_{zul}} \cdot S_{erf}$	$\tau_{a_{zul}} = \dfrac{F}{S_{erf}}$	c	Anzahl der Querschnittsflächen, Schnittigkeit	
	$\tau_{a_{zul}} = \dfrac{\tau_{aB}}{v}$	$\tau_{aB} = \tau_{a_{zul}} \cdot v$	$v = \dfrac{\tau_{aB}}{\tau_{a_{zul}}}$	S_{erf}	erforderliche Querschnittsfläche	mm²
	$\tau_{a_{zul}} = \dfrac{F_{zul}}{S \cdot c}$	$F_{zul} = \tau_{a_{zul}} \cdot S \cdot c$		$\tau_{a_{zul}}$	zulässige Scherspannung	N/mm²
	$\tau_{a_{zul}} = \dfrac{R_e}{v}$	$R_e = \tau_{a_{zul}} \cdot v$	$v = \dfrac{R_e}{\tau_{a_{zul}}}$	τ_{aF}	Scherfließgrenze (bei Stahl $\tau_{aF} \approx 0{,}6 \cdot R_e$)	N/mm²
				R_e	Streckgrenze	N/mm²
				R_m	Zugfestigkeit	N/mm²
	$\tau_{a_{zul}} = \dfrac{\tau_{aF}}{v}$ [1)]	$\tau_{aF} = \tau_{a_{zul}} \cdot v$	$v = \dfrac{\tau_{aF}}{\tau_{a_{zul}}}$	v	Sicherheitszahl	
				τ_{aB}	Scherfestigkeit	N/mm²
				F_{zul}	zulässige Scherkraft	N
	[1)] gilt nur für die statische Belastung z. B. für Stahl			$\tau_{aB} \approx 0{,}8 \cdot R_m$ $\tau_{aF} \approx 0{,}6 \cdot R_m$ bei Stahl		

Schneiden, Schneidkraft, Scherfläche

Benennung/Abbildung	Formel/Formelumstellung	Formelzeichen		Einheiten
Schneiden $U = d \cdot \pi$ $S = U \cdot s \; ; \; S = d \cdot \pi \cdot s$ $U = 2 \cdot (a+b)$ $S = U \cdot s$	$F = S \cdot \tau_{aB_{max}}$ $S = \dfrac{F}{\tau_{aB_{max}}}$ $\tau_{aB_{max}} = \dfrac{F}{S}$ $S = U \cdot s$ $U = \dfrac{S}{s}$ $s = \dfrac{S}{U}$	F	Schneidkraft	N
		S	Scherfläche	mm²
		s	Materialdicke	mm
		U	Schnittkantenlänge, Umfang	mm
		R_m	Zugfestigkeit	$\dfrac{N}{mm^2}$
		$R_{m\,max}$	maximale Zugfestigkeit	$\dfrac{N}{mm^2}$
		ν	Sicherheitszahl	
		$\tau_{aB_{max}}$	maximale Scherfestigkeit	$\dfrac{N}{mm^2}$
		$\tau_{aB_{max}} \approx 0{,}8 \cdot R_{m\,max}$		

Spannungs-Dehnungs-Kurven, Zugversuch für Kunststoffe

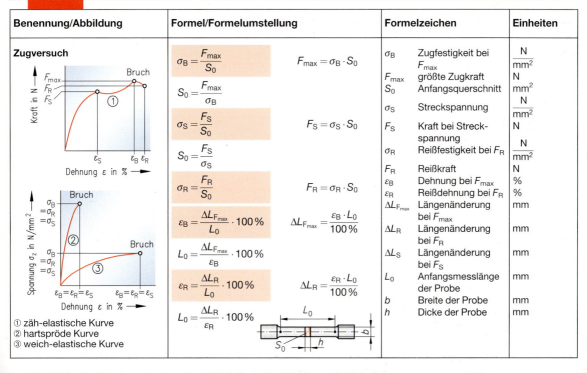

Benennung/Abbildung	Formel/Formelumstellung		Formelzeichen		Einheiten
Zugversuch	$\sigma_B = \dfrac{F_{max}}{S_0}$	$F_{max} = \sigma_B \cdot S_0$	σ_B	Zugfestigkeit bei F_{max}	$\dfrac{N}{mm^2}$
	$S_0 = \dfrac{F_{max}}{\sigma_B}$		F_{max}	größte Zugkraft	N
			S_0	Anfangsquerschnitt	mm^2
	$\sigma_S = \dfrac{F_S}{S_0}$	$F_S = \sigma_S \cdot S_0$	σ_S	Streckspannung	$\dfrac{N}{mm^2}$
	$S_0 = \dfrac{F_S}{\sigma_S}$		F_S	Kraft bei Streckspannung	N
			σ_R	Reißfestigkeit bei F_R	$\dfrac{N}{mm^2}$
	$\sigma_R = \dfrac{F_R}{S_0}$	$F_R = \sigma_R \cdot S_0$	F_R	Reißkraft	N
			ε_B	Dehnung bei F_{max}	%
			ε_R	Reißdehnung bei F_R	%
	$\varepsilon_B = \dfrac{\Delta L_{F_{max}}}{L_0} \cdot 100\%$	$\Delta L_{F_{max}} = \dfrac{\varepsilon_B \cdot L_0}{100\%}$	$\Delta L_{F_{max}}$	Längenänderung bei F_{max}	mm
	$L_0 = \dfrac{\Delta L_{F_{max}}}{\varepsilon_B} \cdot 100\%$		ΔL_R	Längenänderung bei F_R	mm
	$\varepsilon_R = \dfrac{\Delta L_R}{L_0} \cdot 100\%$	$\Delta L_R = \dfrac{\varepsilon_R \cdot L_0}{100\%}$	ΔL_S	Längenänderung bei F_S	mm
			L_0	Anfangsmesslänge der Probe	mm
① zäh-elastische Kurve ② hartspröde Kurve ③ weich-elastische Kurve	$L_0 = \dfrac{\Delta L_R}{\varepsilon_R} \cdot 100\%$		b	Breite der Probe	mm
			h	Dicke der Probe	mm

Riementrieb, Übersetzungen

Benennung/Abbildung	Formel/Formelumstellung	Formelzeichen	Einheiten
Einfacher Riementrieb getrieben, n_2, v_2, d_2 $v = v_1 = v_2$ i n_1, v_1, d_1 treibend	$v = v_1 = v_2$ $d_1 \cdot n_1 = d_2 \cdot n_2$ $d_1 = \dfrac{d_2 \cdot n_2}{n_1}$ $n_1 = \dfrac{d_2 \cdot n_2}{d_1}$ $d_2 = \dfrac{d_1 \cdot n_1}{n_2}$ $n_2 = \dfrac{d_1 \cdot n_1}{d_2}$ $i = \dfrac{n_1}{n_2}$ $n_1 = i \cdot n_2$; $n_2 = \dfrac{n_1}{i}$ $v = \dfrac{d \cdot \pi \cdot n}{1000}$ zugeschnittene Größengleichung $d = \dfrac{v \cdot 1000}{\pi \cdot n}$ $n = \dfrac{v \cdot 1000}{d \cdot \pi}$ $i = \dfrac{d_2}{d_1}$ $d_2 = d_1 \cdot i$; $d_1 = \dfrac{d_2}{i}$	**treibende Scheibe:** d_1 Durchmesser n_1 Umdrehungsfrequenz (Drehzahl) **getriebene Scheibe:** d_2 Durchmesser n_2 Umdrehungsfrequenz (Drehzahl) i Übersetzungsverhältnis v, v_1, v_2 Umfangsgeschwindigkeit $i > 1$: Übersetzung ins Langsame $i < 1$: Übersetzung ins Schnelle $i = 1$: direkte Übersetzung Berechnung der Umfangsgeschwindigkeit S. 52, 53	mm min⁻¹ mm min⁻¹ $\dfrac{m}{min}$

Riementrieb, Übersetzungen

Benennung/Abbildung	Formel/Formelumstellung	Formelzeichen	Einheiten
Mehrfacher Riementrieb	$d_1 \cdot d_3 \cdot n_1 = d_2 \cdot d_4 \cdot n_4$	**treibende Scheiben:**	
	$n_1 = \dfrac{d_2 \cdot d_4}{d_1 \cdot d_3} \cdot n_4$	$d_1, d_3, \ldots$ Durchmesser $n_1, n_3, \ldots$ Umdrehungs- frequenzen (Drehzahlen)	mm, cm, m min^{-1}
	$n_4 = \dfrac{d_1 \cdot d_3}{d_2 \cdot d_4} \cdot n_1$		
	$d_1 = \dfrac{d_2 \cdot d_4}{d_3 \cdot n_1} \cdot n_4$	**getriebene Scheiben:**	
	$d_2 = \dfrac{d_1 \cdot d_3}{d_4 \cdot n_4} \cdot n_1$	$d_2, d_4, \ldots$ Durchmesser $n_2, n_4, \ldots$ Umdrehungs- frequenzen (Drehzahlen)	mm, cm, m min^{-1}
	$d_3 = \dfrac{d_2 \cdot d_4}{d_1 \cdot n_1} \cdot n_4$	$i_1, i_2, \ldots$ Einzel- übersetzungen	
	$d_4 = \dfrac{d_1 \cdot d_3}{d_2 \cdot n_4} \cdot n_1$	i Gesamt- übersetzung	
		n_A Anfangsdrehzahl	min^{-1}
		n_E Enddrehzahl	min^{-1}
		$n_2 = n_3$ Umdrehungs- frequenzen (Drehzahlen)	min^{-1}
			Fortsetzung

88 | Riementrieb, Übersetzungen

Benennung/Abbildung	Formel/Formelumstellung	Formelzeichen	Einheiten
Fortsetzung **Mehrfacher Riementrieb**	$i_1 = \dfrac{d_2}{d_1}$ $\quad i_1 = \dfrac{n_1}{n_2}$ $i_2 = \dfrac{d_4}{d_3}$ $\quad i_2 = \dfrac{n_3}{n_4}$ $i = i_1 \cdot i_2$ $i = \dfrac{n_1}{n_2} \cdot \dfrac{n_3}{n_4} \cdot \dfrac{\ldots}{\ldots}$ $i = \dfrac{d_2}{d_1} \cdot \dfrac{d_4}{d_3} \cdot \dfrac{\ldots}{\ldots}$ $i = \dfrac{n_A}{n_E}$ $n_A = i \cdot n_E$ $n_E = \dfrac{n_A}{i}$	**treibende Scheiben:** $d_1, d_3, \ldots$ Durchmesser $n_1, n_3, \ldots$ Umdrehungsfrequenzen (Drehzahlen) **getriebene Scheiben:** $d_2, d_4, \ldots$ Durchmesser $n_2, n_4, \ldots$ Umdrehungsfrequenzen (Drehzahlen) $i_1, i_2, \ldots$ Einzelübersetzungen i Gesamtübersetzung n_A Anfangsdrehzahl n_E Enddrehzahl $n_2 = n_3$ $i > 1$: Übersetzung ins Langsame $i < 1$: Übersetzung ins Schnelle $i = 1$: direkte Übersetzung	mm, cm, m min^{-1} mm, cm, m min^{-1} min^{-1} min^{-1}

Zahntrieb, Übersetzungen

Benennung/Abbildung	Formel/Formelumstellung	Formelzeichen	Einheiten
Einfacher Zahntrieb getrieben / treibend	$z_1 \cdot n_1 = z_2 \cdot n_2$ $n_1 = \dfrac{z_2 \cdot n_2}{z_1}$ $z_1 = \dfrac{z_2 \cdot n_2}{n_1}$ $i = \dfrac{z_2}{z_1}$ $z_2 = i \cdot z_1$ $z_1 = \dfrac{z_2}{i}$ $i = \dfrac{n_1}{n_2}$ $n_1 = i \cdot n_2$ $n_2 = \dfrac{n_1}{i}$ $V = d_1 \cdot \pi \cdot n_1$	z_1 Zähnezahl treibendes Rad n_1 Umdrehungsfrequenz (Drehzahl) treibendes Rad z_2 Zähnezahl getriebenes Rad n_2 Umdrehungsfrequenz (Drehzahl) getriebenes Rad $i > 1$: Übersetzung ins Langsame $i < 1$: Übersetzung ins Schnelle $i = 1$: direkte Übersetzung	$\min^{-1}$ $\min^{-1}$

Zahntrieb, Übersetzungen

Benennung/Abbildung	Formel/Formelumstellung	Formelzeichen	Einheiten
Mehrfacher Zahntrieb (treibend: $n_1 = n_A$, z_1; $n_2 = n_3$, z_2, z_3; $n_4 = n_E$, z_4; i_1, i_2, i)	$z_1 \cdot z_3 \cdot n_1 = z_2 \cdot z_4 \cdot n_4$ $n_1 = \dfrac{z_2 \cdot z_4}{z_1 \cdot z_3} \cdot n_4$ $n_4 = \dfrac{z_1 \cdot z_3}{z_2 \cdot z_4} \cdot n_1$ $z_1 = \dfrac{z_2 \cdot z_4}{z_3 \cdot n_1} \cdot n_4$ $z_2 = \dfrac{z_1 \cdot z_3}{z_4 \cdot n_4} \cdot n_1$ $z_3 = \dfrac{z_2 \cdot z_4}{z_1 \cdot n_1} \cdot n_4$ $z_4 = \dfrac{z_1 \cdot z_3}{z_2 \cdot n_4} \cdot n_1$	**treibende Räder:** $z_1, z_3, \ldots$ Zähnezahl $n_1, n_3, \ldots$ Umdrehungsfrequenzen (Drehzahlen) **getriebene Räder:** $z_2, z_4, \ldots$ Zähnezahl $n_2, n_4, \ldots$ Umdrehungsfrequenzen (Drehzahlen) $i_1, i_2, \ldots$ Einzelübersetzungen i Gesamtübersetzung n_A Anfangsdrehzahl n_E Enddrehzahl $n_2 = n_3$	min^{-1} min^{-1} min^{-1} min^{-1}

Fortsetzung

Zahntrieb, Übersetzungen | 91

Benennung/Abbildung	Formel/Formelumstellung	Formelzeichen	Einheiten
Fortsetzung **Mehrfacher Zahntrieb**	$i_1 = \dfrac{z_2}{z_1}$ $\qquad i_1 = \dfrac{n_1}{n_2}$ $i_2 = \dfrac{z_4}{z_3}$ $\qquad i_2 = \dfrac{n_3}{n_4}$ $i = i_1 \cdot i_2$ $i = \dfrac{n_1}{n_2} \cdot \dfrac{n_3}{n_4} \cdot \dfrac{\ldots}{\ldots}$ $i = \dfrac{z_2}{z_1} \cdot \dfrac{z_4}{z_3} \cdot \dfrac{\ldots}{\ldots}$ $i = \dfrac{n_A}{n_E}$ $n_A = i \cdot n_E$ $n_E = \dfrac{n_A}{i}$	**treibende Räder:** $z_1, z_3, \ldots$ Zähnezahl $n_1, n_3, \ldots$ Umdrehungsfrequenzen (Drehzahlen) **getriebene Räder:** $z_2, z_4, \ldots$ Zähnezahl $n_2, n_4, \ldots$ Umdrehungsfrequenzen (Drehzahlen) $i_1, i_2, \ldots$ Einzelübersetzungen i Gesamtübersetzung n_A Anfangsdrehzahl n_E Enddrehzahl $n_2 = n_3$ $\boxed{i > 1: \text{ Übersetzung ins Langsame}}$ $\boxed{i < 1: \text{ Übersetzung ins Schnelle}}$ $\boxed{i = 1: \text{ direkte Übersetzung}}$	$\min^{-1}$ $\min^{-1}$ $\min^{-1}$ $\min^{-1}$

Schneckentrieb, Übersetzungen

Benennung/Abbildung	Formel/Formelumstellung	Formelzeichen	Einheiten
Schneckentrieb (Schneckenrad, z_2, n_2, n_1, z_1, Schnecke, i)	$z_1 \cdot n_1 = z_2 \cdot n_2$ $n_1 = \dfrac{z_2 \cdot n_2}{z_1}$ $n_2 = \dfrac{z_1 \cdot n_1}{z_2}$ $z_1 = \dfrac{z_2 \cdot n_2}{n_1}$ $z_2 = \dfrac{z_1 \cdot n_1}{n_2}$ $i = \dfrac{n_1}{n_2}$ $\quad\quad i = \dfrac{z_2}{z_1}$ $n_1 = i \cdot n_2$ $\quad\quad n_2 = \dfrac{n_1}{i}$ $z_1 = \dfrac{z_2}{i}$ $\quad\quad z_2 = i \cdot z_1$	z_1 Gangzahl Schnecke (Zähnezahl) n_1 Umdrehungsfrequenz (Drehzahl) Schnecke z_2 Zähnezahl Schneckenrad n_2 Umdrehungsfrequenz (Drehzahl) Schneckenrad i Übersetzungsverhältnis	min^{-1} min^{-1}

Achsabstand, Zahnradberechnung

Benennung/Abbildung	Formel/Formelumstellung	Formelzeichen		Einheiten
Achsabstand Außenverzahnung	$a = \dfrac{m}{2} \cdot (z_1 + z_2)$ $m = \dfrac{2 \cdot a}{z_1 + z_2}$ $z_1 = \dfrac{2 \cdot a}{m} - z_2$ $z_2 = \dfrac{2 \cdot a}{m} - z_1$ $a = \dfrac{d_1 + d_2}{2}$ $d_1 = 2 \cdot a - d_2$ $d_2 = 2 \cdot a - d_1$	a m z_1 z_2 d_1 d_2	Achsabstand Modul Zähnezahl Zähnezahl Teilkreisdurchmesser Teilkreisdurchmesser	mm, cm, m mm, cm, m mm, cm, m mm, cm, m

Achsabstand bei Innenverzahnung

Benennung/Abbildung	Formel/Formelumstellung	Formelzeichen		Einheiten
Achsabstand Innenverzahnung	$a = \dfrac{m}{2} \cdot (z_2 - z_1)$	a	Achsabstand	mm, cm, m
		m	Modul	mm, cm, m
	$m = \dfrac{2 \cdot a}{z_2 - z_1}$	z_1	Zähnezahl des inneren Rades	
	$z_1 = z_2 - \dfrac{2 \cdot a}{m}$	z_2	Zähnezahl des großen Rades	
	$z_2 = z_1 + \dfrac{2 \cdot a}{m}$	d_1	Teilkreisdurchmesser des inneren Rades	mm, cm, m
	$a = \dfrac{d_2 - d_1}{2}$	d_2	Teilkreisdurchmesser des großen Rades	mm, cm, m
	$d_1 = d_2 - 2 \cdot a$			
	$d_2 = d_1 + 2 \cdot a$			

Zahnstangentrieb

Benennung/Abbildung	Formel/Formelumstellung	Formelzeichen	Einheiten
Zahnstangentrieb 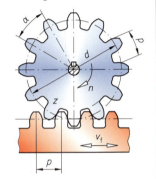	Zahnstangenweg in Abhängigkeit vom Drehwinkel α: $$s_\alpha = m \cdot z \cdot \pi \cdot \frac{\alpha}{360°} \quad m = \frac{s_\alpha \cdot 360°}{z \cdot \pi \cdot \alpha}$$ $$z = \frac{s_\alpha \cdot 360°}{m \cdot \pi \cdot \alpha} \quad \alpha = \frac{s_\alpha \cdot 360°}{m \cdot z \cdot \pi}$$ $$v_f = n \cdot z \cdot p \quad n = \frac{v_f}{z \cdot p}; \; z = \frac{v_f}{n \cdot p}$$ $$p = \frac{v_f}{n \cdot z}$$ $$p = \pi \cdot m \quad m = \frac{p}{\pi}$$ Zahnstangenweg bei einer Umdrehung: $$s = z \cdot m \cdot \pi \quad z = \frac{s}{m \cdot \pi}$$ $$m = \frac{s}{z \cdot \pi}$$ $$v_f = d \cdot \pi \cdot n \quad d = \frac{v_f}{\pi \cdot n} \quad n = \frac{v_f}{\pi \cdot d}$$	s_α Zahnstangenweg in Abhängigkeit vom Drehwinkel m Modul z Zähnezahl des Zahnrades α Drehwinkel des Zahnrades v_f Vorschubgeschwindigkeit n Umdrehungsfrequenz (Drehzahl) des Zahnrades p Teilung s Zahnstangenweg d Teilkreisdurchmesser des Zahnrades	mm mm in ° (Grad) $\frac{mm}{min}$ min^{-1} mm mm mm

96 Zahnradmaße, Zahnradberechnung

Benennung/Abbildung	Formel/Formelumstellung	Formelzeichen		Einheiten
Zahnradberechnung	$d = m \cdot z$	d	Teilkreisdurchmesser	mm
		z	Zähnezahl	
	$m = \dfrac{d}{z} \qquad z = \dfrac{d}{m}$	m	Modul	mm
		p	Teilung	mm
	$m = \dfrac{p}{\pi}$	h	Zahnhöhe	mm
		h_a	Zahnkopfhöhe	mm
	$p = m \cdot \pi$	h_f	Zahnfußhöhe	mm
	$h = h_a + h_f$	c	Kopfspiel	mm
		d_a	Kopfkreisdurchmesser	mm
	$h_a = m$	d_f	Fußkreisdurchmesser	mm
	$h_f = m + c \qquad h_f = 1{,}2 \cdot m$	a	Achsabstand	mm
	$h = m + m + c = 2 \cdot m + c$			
	$h = m + 1{,}2 \cdot m = 2{,}2 \cdot m$			
	$c = 0{,}1 \cdot m$ bis $0{,}3 \cdot m$ häufig $c = 0{,}167 \cdot m$			

Fortsetzung

Zahnradmaße, Zahnradberechnung

Benennung/Abbildung	Formel/Formelumstellung	Formelzeichen	Einheiten
Fortsetzung **Zahnradberechnung**	$d_a = d + 2 \cdot m$ $d_a = m \cdot (z + 2)$ $d_f = m \cdot (z - 2{,}4)$ $d_f = d - 2{,}4 \cdot m$ $c = h_f - h_a$ $c = 0{,}1 \cdot m$ bis $0{,}3 \cdot m$ häufig $c = 0{,}167 \cdot m$ $a = \dfrac{z_1 + z_2}{2} \cdot m$ $a = \dfrac{d_1 + d_2}{2}$	d Teilkreisdurchmesser z Zähnezahl m Modul p Teilung h Zahnhöhe h_a Zahnkopfhöhe h_f Zahnfußhöhe c Kopfspiel d_a Kopfkreisdurchmesser d_f Fußkreisdurchmesser a Achsabstand	mm mm mm mm mm mm mm mm mm mm

Wärmetechnik

Benennung/Abbildung	Formel/Formelumstellung	Formelzeichen		Einheiten
Temperatureinheiten Siedepunkt von Wasser; Schmelzpunkt von Eis; absoluter Nullpunkt T Kelvin (K) t Celsius (°C) $K = °C + 273$	$t = T - 273$ $T = t + 273$ genau: $0\,K = -273{,}15\,°C$	t, ϑ T	Temperatur Temperatur (thermodynamische Temperatur)	in °C in K
		Die thermodynamische Temperatur in Kelvin (K) geht von der tiefstmöglichen Temperatur (vom absoluten Nullpunkt) aus. Die Celsiustemperatur geht vom Schmelzpunkt des Eises aus.		
Längenänderung	$\Delta l = l_1 \cdot \alpha_l \cdot (t_2 - t_1)$ $\Delta t = t_2 - t_1$ $\Delta l = l_1 \cdot \alpha_l \cdot \Delta t$ $l_1 = \dfrac{\Delta l}{\alpha_l \cdot \Delta t}\quad \alpha_l = \dfrac{\Delta l}{l_1 \cdot \Delta t}\quad \Delta t = \dfrac{\Delta l}{l_1 \cdot \alpha_l}$ $\Delta d = d_1 \cdot \alpha_l \cdot (t_2 - t_1)$	Δl l_1 α_l t_1, ϑ_1 t_2, ϑ_2 $\Delta t, \Delta \vartheta$ d_1 Δd	Längenänderung Anfangslänge Längenaus-dehnungskoeffizient Temperatur vor Erwärmung Temperatur nach Erwärmung Temperaturdifferenz Anfangsdurchmesser Durchmesser-änderung nach der Erwärmung	mm mm $\dfrac{1}{K}, \dfrac{1}{°C}$ K, °C K, °C K, °C mm mm
	α_l in 1/K Stahl: $0{,}000\,012 = 12 \cdot 10^{-6}$ Cu: $0{,}000\,018 = 18 \cdot 10^{-6}$ Glas: $0{,}000\,010 = 10 \cdot 10^{-6}$ Al: $0{,}000\,023 = 23 \cdot 10^{-6}$ PVC: $0{,}000\,080 = 80 \cdot 10^{-6}$ Beton: $0{,}000\,010 = 10 \cdot 10^{-6}$			

Wärmetechnik

Benennung/Abbildung	Formel/Formelumstellung	Formelzeichen	Einheiten
Volumenänderung	$\Delta V = V_1 \cdot \alpha_V \cdot (t_2 - t_1)$	ΔV Volumenänderung	mm³, cm³, dm³, l
	$\Delta t = t_2 - t_1$	V_1 Anfangsvolumen	mm³, cm³, dm³, l
	$\Delta V = V_1 \cdot \alpha_V \cdot \Delta t$	α_V Volumen- ausdehnungskoeffizient	$\dfrac{1}{K}, \dfrac{1}{°C}$
	$V_1 = \dfrac{\Delta V}{\alpha_V \cdot \Delta t}$		$\dfrac{1}{K}, \dfrac{1}{°C}$
	$\alpha_V = \dfrac{\Delta V}{V_1 \cdot \Delta t}$	$\boxed{\alpha_V \approx 3 \cdot \alpha_l \text{ für feste Stoffe}}$	
	$\Delta t = \dfrac{\Delta V}{V_1 \cdot \alpha_V}$	t_1, ϑ_1 Temperatur vor Erwärmung	K, °C
	$\alpha_V \approx 3 \cdot \alpha_l$	t_2, ϑ_2 Temperatur nach Erwärmung	K, °C
		$\Delta t, \Delta\vartheta$ Temperaturdifferenz	K, °C
			1 l = 1 dm³ = 1000 cm³ = 0,001 m³

Wärmetechnik

Benennung/Abbildung	Formel/Formelumstellung	Formelzeichen	Einheiten
Wärmemenge und spezifische Wärmekapazität	$Q = m \cdot c \cdot (t_2 - t_1)$ $\Delta t = t_2 - t_1$ $Q = m \cdot c \cdot \Delta t$ $m = \dfrac{Q}{\Delta t \cdot c}$ $c = \dfrac{Q}{m \cdot \Delta t}$ $\Delta t = \dfrac{Q}{c \cdot m}$ $1\,N \cdot m = 1\,J = 1\,W \cdot 1\,s = 1\,Ws;\quad 1\,MJ = \dfrac{1}{3{,}6}\,kW \cdot h$ $1\,kW \cdot h = 3{,}6 \cdot 10^6\,J = 3{,}6\,MJ = 3600\,kJ = 3\,600\,000\,J$	Q Wärmemenge m Masse c spezifische Wärmekapazität t_1, ϑ_1 Temperatur vor Erwärmung t_2, ϑ_2 Temperatur nach Erwärmung $\Delta t, \Delta \vartheta$ Temperaturdifferenz	kJ kg $\dfrac{kJ}{kg \cdot K}$, $\dfrac{kJ}{kg \cdot °C}$ K, °C K, °C K, °C
Wärmestrom	**Wärmestrom bei Wärmeleitung** $\lambda = \dfrac{\Phi \cdot s}{A \cdot \Delta t}$ $A = \dfrac{\Phi \cdot s}{\lambda \cdot \Delta t}$ $\Phi = \dfrac{\lambda \cdot A \cdot \Delta t}{s}$ $\Delta t = \dfrac{\Phi \cdot s}{A \cdot \lambda}$ $s = \dfrac{\lambda \cdot A \cdot \Delta t}{\Phi}$ **Wärmestrom bei Wärmedurchgang** $U = \dfrac{\Phi}{A \cdot \Delta t}$ $A = \dfrac{\Phi}{U \cdot \Delta t}$ $\Phi = U \cdot A \cdot \Delta t$ $\Delta t = \dfrac{\Phi}{U \cdot A}$ $U = \dfrac{\lambda}{s}$ Der **Wärmestrom** Φ verläuft innerhalb eines Stoffes stets von der höheren zur niedrigeren Temperatur. (k wurde durch U ersetzt bzw. erneuert.)	Φ Wärmestrom λ Wärmeleitfähigkeit U Wärmedurchgangskoeffizient (ehemals k) $\Delta t, \Delta \vartheta$ Temperaturdifferenz s Bauteildicke A durchströmte Fläche des Bauteils Der **Wärmedurchgangskoeffizient** U berücksichtigt neben der Wärmeleitfähigkeit eines Bauteils die Wärmeübergangswiderstände an den Grenzflächen der Bauteile.	W $\dfrac{W}{m \cdot K}$, $\dfrac{W}{m \cdot °C}$ $\dfrac{W}{m^2 \cdot K}$, $\dfrac{W}{m^2 \cdot °C}$ K oder °C m m^2

Wärmetechnik, Energieverbrauch beim Schmelzen, Verdampfen, Schmieden | 101

Benennung/Abbildung	Formel/Formelumstellung	Formelzeichen	Einheiten
Wärme beim Schmelzen und Verdampfen	für Schmelzen: $Q = m \cdot q$ $m = \dfrac{Q}{q}$ $q = \dfrac{Q}{m}$ für Verdampfen: $Q = m \cdot r$ $m = \dfrac{Q}{r}$ $r = \dfrac{Q}{m}$	Q Schmelzwärme, Verdampfungswärme m Masse q spezifische Schmelzwärme r spezifische Verdampfungswärme	kJ kJ kg $\dfrac{kJ}{kg}$ $\dfrac{kJ}{kg}$
Verbrennungswärme Energieverbrauch	für gasförmige Brennstoffe: $Q = V \cdot H_u$ $V = \dfrac{Q}{H_u}$ $H_u = \dfrac{Q}{V}$ für feste u. flüssige Brennstoffe: $Q = m \cdot H_u$ $m = \dfrac{Q}{H_u}$ $H_u = \dfrac{Q}{m}$ $Q_n = Q \cdot \eta$ $Q = \dfrac{Q_n}{\eta}$ $\eta = \dfrac{Q_n}{Q}$	Q Verbrennungswärme m Masse der Brennstoffe H_u spezifischer Heizwert fester u. flüssiger Brennstoffe H_u spezifischer Heizwert von Gasen V Brenngasvolumen Q_n praktisch nutzbare Verbrennungswärme η Wirkungsgrad	kW·h, MJ kg $kW \cdot \dfrac{h}{kg}, \dfrac{MJ}{kg}$ $kW \cdot \dfrac{h}{m^3}, \dfrac{MJ}{m^3}$ m^3 kWh, MJ

Ofen	η
Schmiedeesse	0,05
Gasofen, offen	0,10
Gasofen, geschlossen	0,20
Induktionsofen	0,55

Feste, flüssige Brennstoffe	Heizwert H_u in kJ/kg	Gasförmige Brennstoffe	Heizwert H_u in kJ/m³
Holz	15000	Wasserstoff	10800
Steinkohle	33100	Erdgas	34000
Diesel	41900	Methan	35900
Heizöl	42000	Acetylen	57000
Benzin	43600	Propan	93000

1 Ws $= 1\,Nm = 1\,\dfrac{kg \cdot m}{s^2} \cdot m = 1\,J$
1 kWh $= 3{,}6\,MJ$
1 kWh $= 1000\,Wh = 1000 \cdot 3600\,Ws = 3{,}6 \cdot 10^6\,Ws$
$3{,}6 \cdot 10^6\,Ws = 3{,}6 \cdot 10^3\,kJ = 3600\,kJ = 3{,}6\,MJ$
1 MJ $= \dfrac{1}{3{,}6}\,kWh$

102 | Schwindung, Luftdruck, Überdruck

Benennung/Abbildung	Formel/Formelumstellung	Formelzeichen	Einheiten
Schwindung	$S_W = 100\% - \dfrac{l \cdot 100\%}{l_1}$ $l = \dfrac{l_1 \cdot (100\% - S_W)}{100\%}$ $l_1 = \dfrac{l \cdot 100\%}{100\% - S_W}$	S_W Schwindmaß l Werkstücklänge l_1 Modelllänge	% mm mm
Luftdruck, Überdruck, absoluter Druck	$p_e = p_{abs} - p_{amb}$ $p_{abs} = p_e + p_{amb}$ $p_{amb} = p_{abs} - p_e$	p_e Überdruck, atmosphärische Druckdifferenz p_{abs} absoluter Druck, bezogen auf Vakuum p_{amb} Luftdruck, atmosphärischer Druck ≈ 1 bar $1\,Pa = 1\,\dfrac{N}{m^2}$ $100\,Pa = 1\,hPa = 1\,mbar$ $1\,bar = 10\,\dfrac{N}{cm^2} = 10^5\,\dfrac{N}{m^2}$	bar bar bar

Zustandsänderung von Gasen

Benennung/Abbildung	Formel/Formelumstellung	Formelzeichen	Einheiten
Allgemeine Gasgleichung Zustand 1 vor der Erwärmung p_{abs1} V_1, T_1 Zustand 2 nach der Erwärmung p_{abs2} V_2, T_2 Verdichtung	$$\frac{p_{abs_1} \cdot V_1}{T_1} = \frac{p_{abs_2} \cdot V_2}{T_2}$$ $$p_{abs_1} = \frac{p_{abs_2} \cdot V_2 \cdot T_1}{V_1 \cdot T_2}$$ $$V_1 = \frac{p_{abs_2} \cdot V_2 \cdot T_1}{p_{abs_1} \cdot T_2}$$ $$T_1 = \frac{p_{abs_1} \cdot V_1 \cdot T_2}{p_{abs_2} \cdot V_2}$$ $$p_{abs_2} = \frac{p_{abs_1} \cdot V_1 \cdot T_2}{T_1 \cdot V_2}$$ $$V_2 = \frac{p_{abs_1} \cdot V_1 \cdot T_2}{p_{abs_2} \cdot T_1}$$ $$T_2 = \frac{p_{abs_2} \cdot V_2 \cdot T_1}{p_{abs_1} \cdot V_1}$$	p_{abs_1} absoluter Druck vor der Erwärmung V_1 Gasvolumen vor der Erwärmung T_1 absolute Temperatur vor der Erwärmung p_{abs_2} absoluter Druck nach der Erwärmung V_2 Gasvolumen nach der Erwärmung T_2 absolute Temperatur nach der Erwärmung 1 bar = 10 N/cm² = 10^5 Pa 1 l = 1 dm³ = 1000 cm³ = 0,001 m³ *Fortsetzung*	bar cm³, cm³, l K bar cm³, dm³, l K

Zustandsänderung von Gasen

Benennung/Abbildung	Formel/Formelumstellung	Formelzeichen		Einheiten
Fortsetzung **Gesetz von Boyle-Mariotte**	**Sonderfälle:** Bei $T_1 = T_2$ konstant	p	Gasdruck	bar
	$p_1 \cdot V_1 = p_2 \cdot V_2$	p_1, p_2	Gasdruck (absolut) bezogen auf den Zustand 1 bzw. 2	bar
	$p_1 = \dfrac{p_2 \cdot V_2}{V_1}$ $\quad V_1 = \dfrac{p_2 \cdot V_2}{p_1}$	V	Volumen	dm³, l
	$p_2 = \dfrac{p_1 \cdot V_1}{V_2}$ $\quad V_2 = \dfrac{p_1 \cdot V_1}{p_2}$	V_1, V_2	Volumen im Zustand 1 bzw. 2	dm³, l
Gesetz von Amontons	Bei $V_1 = V_2$ konstant	T	Temperatur	K
	$p_1 \cdot T_2 = p_2 \cdot T_1$	T_1, T_2	Temperatur im Zustand 1 bzw. 2	K
	$p_1 = \dfrac{p_2 \cdot T_1}{T_2}$ $\quad T_2 = \dfrac{p_2 \cdot T_1}{p_1}$			
	$p_2 = \dfrac{p_1 \cdot T_2}{T_1}$ $\quad T_1 = \dfrac{p_1 \cdot T_2}{p_2}$			
Gesetz von Gay-Lussac	Bei $p_1 = p_2$ konstant			
	$V_1 \cdot T_2 = V_2 \cdot T_1$			
	$V_1 = \dfrac{V_2 \cdot T_1}{T_2}$ $\quad T_2 = \dfrac{V_2 \cdot T_1}{V_1}$			
	$V_2 = \dfrac{V_1 \cdot T_2}{T_1}$ $\quad T_1 = \dfrac{V_1 \cdot T_2}{V_2}$	1 bar = 10 N/cm² = 10⁵ Pa 1 l = 1 dm³ = 1000 cm³ = 0,001 m³		

Gasverbrauch beim Schweißen (außer Acetylen) | 105

Benennung/Abbildung	Formel/Formelumstellung	Formelzeichen	Einheiten
Gasverbrauch Sauerstoff und Brenngase (außer Acetylen) *Flaschendruck* p_{e1} *Arbeitsdruck* p_{e2} Farbkennzeichnung für Gasflaschen: vgl. Merkblatt des Industriegaseverbandes	$p_e \cdot V_{Fl} = p_{amb} \cdot V_{amp}$ $V_{amp} = \dfrac{p_e \cdot V_{Fl}}{p_{amb}}$ $\quad \Delta V = V_1 - V_2$ $\quad\quad\quad\quad\quad\quad\quad \Delta p_e = p_{e1} - p_{e2}$ $\Delta V = \dfrac{V_{Fl} \cdot (p_{e1} - p_{e2})}{p_{amp}}$ Gasverbrauch für alle ungelösten Gase $V_{Fl} = \dfrac{\Delta V \cdot p_{amp}}{p_{e1} - p_{e2}}$ $p_{e1} = \dfrac{\Delta V \cdot p_{amp}}{V_{Fl}} + p_{e2}$ $p_{e2} = p_{e1} - \dfrac{\Delta V \cdot p_{amp}}{V_{Fl}}$ Für eine 40-l- bzw. 50-l-Sauerstoffflasche gilt: Sie enthält bei Luftdruck atmosphärischen Druck von 1 bar 40 l bzw. 50 l Sauerstoff.	V Volumen V_{amb} Volumen bei Luftdruck V_{Fl} Flaschenvolumen V_1 Inhalt vor Gasentnahme V_2 Inhalt nach Gasentnahme ΔV Gasverbrauch p_{amp} atmosphärischer Druck, Luftdruck p_e Überdruck p_{e1} Überdruck vor Gasentnahme p_{e2} Überdruck nach Gasentnahme Δp_e Druckdifferenz $p_{amp} = 1$ bar 1 bar $= 10\,\text{N/cm}^2 = 10^5$ Pa 1 l $= 1\,\text{dm}^3 = 1000\,\text{cm}^3 = 0{,}001\,\text{m}^3$	l, dm³ l, dm³ l, dm³ l, dm³ l, dm³ l, dm³ bar bar bar bar bar

106 | Acetylen-Verbrauch beim Schweißen

Benennung/Abbildung	Formel/Formelumstellung	Formelzeichen	Einheiten
Acetylen-Verbrauch Flaschendruck, Arbeitsdruck p_{e1}, p_{e2} Farbkennzeichnung für Gasflaschen: vgl. Merkblatt des Industriegaseverbandes	$V_1 = \dfrac{V_2 \cdot (p_{e1} - p_{e2})}{p_F}$ $V_2 = \dfrac{V_1 \cdot p_F}{p_{e1} - p_{e2}}$ $p_{e1} = \dfrac{V_1 \cdot p_F}{V_2} + p_{e2}$ $p_{e2} = p_{e1} - \dfrac{V_1 \cdot p_F}{V_2}$ Das Füllvolumen V_n in l beträgt: $V_n = \dfrac{25 \text{ l Acetylen} \cdot 13 \text{ l Aceton} \cdot 18 \text{ bar}}{1 \text{ bar} \cdot 1 \text{ l Aceton}}$ $V_n = V_2 = 5850$ l Acetylen	V_1 entnommene Gasmenge V_2 Füllvolumen der Acetylenflasche p_{e1} Überdruck vor der Gasentnahme p_{e2} Überdruck nach der Gasentnahme p_F Fülldruck der Acetylenflasche V_n Füllvolumen 1 l Aceton löst je bar 25 l Acetylen. Eine Acetylenflasche beinhaltet 13 l Aceton. Acetylen wird mit einem maximalen Fülldruck $p_F = 18$ bar in die Flasche gepresst.	dm^3, l dm^3, l bar bar bar dm^3, l 1 bar = 10^5 Pa = 10 $\dfrac{N}{cm^2}$ 1 l = 1 dm^3 = 1000 cm^3 = 0,001 m^3

Hydrostatischer Druck, Schweredruck, Seitendruckkraft

Benennung/Abbildung	Formel/Formelumstellung	Formelzeichen	Einheiten
Hydrostatischer Druck Schweredruck	$p_e = \varrho_{Fl} \cdot g \cdot h$ $\varrho_{Fl} = \dfrac{p_e}{g \cdot h}$ $h = \dfrac{p_e}{\varrho_{Fl} \cdot g}$	p_e hydrostatischer Druck ϱ_{Fl} Dichte des Mediums der Flüssigkeit g Fallbeschleunigung h Höhe der Säule des Mediums	$\dfrac{N}{m^2}$, Pa $\dfrac{kg}{m^3}$ $9{,}81\,\dfrac{m}{s^2}$ m
		$1\,N/m^2 = 0{,}01\,N/dm^2 = 1\,Pa = 10^{-5}\,bar$	
Seitendruckkraft	$F = p_e \cdot A$ $p_e = \dfrac{F}{A} \qquad A = \dfrac{F}{p_e}$ $F = \varrho_{Fl} \cdot g \cdot h \cdot A$ $\varrho_{Fl} = \dfrac{F}{g \cdot h \cdot A} \qquad h = \dfrac{F}{\varrho_{Fl} \cdot g \cdot A}$ $A = \dfrac{F}{\varrho_{Fl} \cdot g \cdot h}$	F Seitendruckkraft p_e hydrostatischer Druck A seitliche Fläche ϱ_{Fl} Dichte der Flüssigkeit g Fallbeschleunigung h Höhe der Flüssigkeit	N $\dfrac{N}{m^2}$, Pa m^2 $\dfrac{kg}{m^3}$ $9{,}81\,\dfrac{m}{s^2}$ m
		$1\,g/cm^3 = 1\,kg/dm^3 = 1\,t/m^3$ $1\,N/m^2 = 0{,}01\,N/dm^2 = 1\,Pa = 10^{-5}\,bar$	

Aufdruckkraft, Auftrieb in Flüssigkeiten

Benennung/Abbildung	Formel/Formelumstellung	Formelzeichen		Einheiten
Aufdruckkraft	$F = p_e \cdot A$	F	Aufdruckkraft	N
	$p_e = \dfrac{F}{A} \qquad A = \dfrac{F}{p_e}$	p_e	hydrostatischer Druck	$\dfrac{N}{m^2}$, Pa
	$F = \varrho_{Fl} \cdot g \cdot h \cdot A$	A	Fläche der Abdeckung	m^2
	$\varrho_{Fl} = \dfrac{F}{g \cdot h \cdot A} \qquad h = \dfrac{F}{\varrho_{Fl} \cdot g \cdot A}$	ϱ_{Fl}	Dichte der Flüssigkeit des Mediums	$\dfrac{kg}{m^3}$
	$A = \dfrac{F}{\varrho_{Fl} \cdot g \cdot h}$	g	Fallbeschleunigung	$9{,}81 \dfrac{m}{s^2}$
		h	Höhe der Flüssigkeit	m
Auftrieb in Flüssigkeiten	$F_A = F_{GFl}$	F_A	Auftrieb	N
	$F_A = V \cdot \varrho_{Fl} \cdot g$	F_{GFl}	Gewichtskraft der verdrängten Flüssigkeitsmenge	N
	$V = \dfrac{F_A}{\varrho_{Fl} \cdot g}$	ϱ_{Fl}	Dichte der Flüssigkeit	$\dfrac{kg}{m^3}$
	$\varrho_{Fl} = \dfrac{F_A}{V \cdot g}$	g	Fallbeschleunigung	$9{,}81 \dfrac{m}{s^2}$
		V	Volumen der verdrängten Flüssigkeit	m^3
		$1\,g/cm^3 = 1\,kg/dm^3 = 1\,t/m^3$		

Kolbendruckkraft, Hydraulik, Wärmemischung, Mischungsrechnung | 109

Benennung/Abbildung	Formel/Formelumstellung	Formelzeichen	Einheiten
Mischungstemperatur verschiedener Stoffe $m_1; c_1; T_1$ $m_2; c_2; T_2$	$Q_M = Q_1 + Q_2$ $T_M = \dfrac{c_1 \cdot m_1 \cdot T_1 + c_2 \cdot m_2 \cdot T_2}{c_1 \cdot m_1 + c_2 \cdot m_2}$ $T_1 = \dfrac{T_M \cdot (c_1 \cdot m_1 + c_2 \cdot m_2) - c_2 \cdot m_2 \cdot T_2}{c_1 \cdot m_1}$ $T_2 = \dfrac{T_M \cdot (c_1 \cdot m_1 + c_2 \cdot m_2) - c_1 \cdot m_1 \cdot T_1}{c_2 \cdot m_2}$	Q_M Wärmemengenmischung Q_1 Wärmemenge Stoff 1 Q_2 Wärmemenge Stoff 2 T_M Temperatur der Mischung c_1, c_2 spezifische Wärmekapazität m_1, m_2 Teilmassen; Stoffe 1, 2 T_1, T_2 Temperatur der Teilmassen	J, kJ J, kJ J, kJ K, °C $\dfrac{kJ}{kg \cdot K}, \dfrac{kJ}{kg \cdot °C}$ kg K, °C
Mischungstemperatur gleicher Stoffe $m_1; T_1$ $m_2; T_2$	Mischung gleicher Stoffe: $T_M = \dfrac{m_1 \cdot T_1 + m_2 \cdot T_2}{m_1 + m_2}$ $T_1 = \dfrac{T_M \cdot (m_1 + m_2) - m_2 \cdot T_2}{m_1}$ $T_2 = \dfrac{T_M \cdot (m_1 + m_2) - m_1 \cdot T_1}{m_2}$	1 Pa = 1 N/m² = 0,01 mbar 1 bar = 100000 N/m² = 10⁵ Pa 1 bar = 10 N/cm² = 1 daN/cm² = 0,1 N/mm² 1 mbar = 100 Pa = 1 hPa 1 N/mm² = 100 N/cm² = 1 000 000 N/m² = 1 MPa 1 N/mm² = 10 bar	
Kolbendruckkraft	$F = p \cdot A \qquad p = \dfrac{F}{A} \qquad A = \dfrac{F}{p}$ $A = \dfrac{d^2 \cdot \pi}{4} \qquad F = p \cdot A \cdot \eta$	F Kolbendruckkraft p Flüssigkeitsdruck A Kolbenfläche d Kolbendurchmesser η Wirkungsgrad des Zylinders	N N/cm² cm² cm

Kolbenkräfte, Hydraulik

Benennung/Abbildung	Formel/Formelumstellung	Formelzeichen		Einheiten
Kolbenkräfte Ausfahren Einfahren	$F_1 = p_e \cdot A_1$ $\quad F_1 = p_e \cdot A_1 \cdot \eta$ $p_e = \dfrac{F_1}{A_1} \quad A_1 = \dfrac{F_1}{p_e}$ A für Kreisfläche: $A_1 = \dfrac{d_1^2 \cdot \pi}{4}$ A für Kreisringfläche: $A_2 = \dfrac{(D^2 - d^2) \cdot \pi}{4}$ $F_2 = p_e \cdot A_2 \cdot \eta$ $p_e = \dfrac{F_2}{A_2 \cdot \eta}$ $A_2 = \dfrac{F_2}{p_e \cdot \eta} \quad \eta = \dfrac{F_2}{p_e \cdot A_2}$	F_1	Kolbenkraft	N
		p_e	Überdruck auf den Kolben	$\dfrac{N}{cm^2}$
		A_1	wirksame Kolbenfläche	cm^2
		d_1	Durchmesser des Kolbens	cm
		A_2	Kreisringfläche	cm^2
		F_2	Kolbenkraft an Kreisringfläche	N
		D	Durchmesser des Kolbens mit Kreisringfläche	cm
		d	kleiner Durchmesser der Kreisringfläche (Kolbenstange)	cm
		η	Wirkungsgrad des Zylinders	
		1 Pa = 1 N/m² = 0,00001 bar 1 bar = 10 N/cm² = 1000 N/dm² = 0,1 $\dfrac{N}{mm^2}$ 1 mbar = 100 Pa = 1 hPa		

Hydraulische Presse | 111

Benennung/Abbildung	Formel/Formelumstellung		Formelzeichen		Einheiten
Hydraulische Presse	$\dfrac{F_1}{A_1} = \dfrac{F_2}{A_2}$	$\dfrac{F_2}{F_1} = \dfrac{A_2}{A_1} = \dfrac{s_1}{s_2}$	F_1	Kraft am Pumpenkolben	N
	$F_1 = \dfrac{F_2 \cdot A_1}{A_2}$	$F_2 = \dfrac{F_1 \cdot A_2}{A_1}$	F_2	Kraft am Arbeitskolben	N
			A_1	Fläche des Pumpenkolbens	mm^2, cm^2, m^2
	$A_1 = \dfrac{F_1 \cdot A_2}{F_2}$	$A_2 = \dfrac{F_2 \cdot A_1}{F_1}$	A_2	Fläche des Arbeitskolbens	mm^2, cm^2, m^2
	$F_1 \cdot s_1 = F_2 \cdot s_2$		s_1	Weg des Pumpenkolbens	mm, cm, m
	$F_1 = \dfrac{F_2 \cdot s_2}{s_1}$	$s_1 = \dfrac{F_2 \cdot s_2}{F_1}$	s_2	Weg des Arbeitskolbens	mm, cm, m
	$F_2 = \dfrac{F_1 \cdot s_1}{s_2}$	$s_2 = \dfrac{F_1 \cdot s_1}{F_2}$	i	hydraulisches Übersetzungsverhältnis	
	$i = \dfrac{F_1}{F_2}$	$A_1 \cdot s_1 = A_2 \cdot s_2$	p_e	Überdruck, Druck	$\dfrac{N}{cm^2}$, bar
		$A_1 = \dfrac{A_2 \cdot s_2}{s_1}$			
	$i = \dfrac{s_2}{s_1}$	$s_1 = \dfrac{A_2 \cdot s_2}{A_1}$			
	$i = \dfrac{A_1}{A_2}$	$A_2 = \dfrac{A_1 \cdot s_1}{s_2}$			
		$s_2 = \dfrac{A_1 \cdot s_1}{A_2}$			

1 Pa $= 1\,N/m^2 = 0{,}01$ mbar
1 bar $= 100\,000\,N/m^2 = 10^5$ Pa
1 bar $= 10\,N/cm^2 = 1\,daN/cm^2 = 0{,}1\,N/mm^2$
1 mbar $= 100$ Pa $= 1$ hPa
1 $N/mm^2 = 100\,N/cm^2 = 1\,000\,000\,N/m^2 = 1$ MPa
1 $N/mm^2 = 10$ bar

Kontinuitätsgleichung, Durchflussgeschwindigkeit

Benennung/Abbildung	Formel/Formelumstellung	Formelzeichen	Einheiten
Kontinuitätsgleichung, Durchflussgeschwindigkeit	$Q_1 = Q_2$	Q_1, Q_2 Volumenströme	$\dfrac{cm^3}{s}, \dfrac{dm^3}{s}, \dfrac{m^3}{s}$
	$Q_1 = A_1 \cdot v_1 \qquad A_1 = \dfrac{Q_1}{v_1}$	A_1, A_2 Querschnittsflächen, Rohrleitungsquerschnittsflächen	cm^2, dm^2, m^2
	$v_1 = \dfrac{Q_1}{A_1}$		
	$Q_2 = A_2 \cdot v_2 \qquad A_2 = \dfrac{Q_2}{v_2}$	v_1, v_2 Strömungsgeschwindigkeiten	$\dfrac{cm}{s}, \dfrac{dm}{s}, \dfrac{m}{s}$
	$v_2 = \dfrac{Q_2}{A_2}$		
	$A_1 \cdot v_1 = A_2 \cdot v_2$		
	$A_1 = \dfrac{A_2 \cdot v_2}{v_1}$		
	$v_1 = \dfrac{A_2 \cdot v_2}{A_1}$		
	$A_2 = \dfrac{A_1 \cdot v_1}{v_2}$		
	$v_2 = \dfrac{A_1 \cdot v_1}{A_2}$		
			$1\ dm^3 = 1\ l$

Kolbengeschwindigkeit, Hydraulik

Benennung/Abbildung	Formel/Formelumstellung	Formelzeichen	Einheiten
Kolbengeschwindigkeit Ausfahren Einfahren	$v_1 = \dfrac{Q_1}{A_1}$ $Q_1 = v_1 \cdot A_1$ $A_1 = \dfrac{Q_1}{v_1}$ $v_2 = \dfrac{Q_2}{A_2}$ $Q_2 = v_2 \cdot A_2$ $A_2 = \dfrac{Q_2}{v_2}$ $A_1 = \dfrac{d_1^2 \cdot \pi}{4}$ $d_1 = \sqrt{\dfrac{4 \cdot A_1}{\pi}}$ $A_2 = \dfrac{(D^2 - d^2) \cdot \pi}{4}$ $D = \sqrt{\dfrac{4 \cdot A_2}{\pi} + d^2}$ $d = \sqrt{D^2 - \dfrac{4 \cdot A_2}{\pi}}$	d_1 Durchmesser des Kolbens v_1 Kolben- geschwindigkeit Q_1 Volumenstrom A_1 wirksame Kolben- fläche (Kreisfläche) v_2 Kolben- geschwindigkeit Q_2 Volumenstrom A_2 wirksame Kolben- fläche (Kreisringfläche) D Durchmesser des Kolbens mit Kreisring- fläche d kleiner Durchmesser der Kreisringfläche (Kolbenstange)	cm, dm, m $\dfrac{cm}{s}, \dfrac{dm}{s}, \dfrac{m}{s}$ $\dfrac{cm^3}{s}, \dfrac{dm^3}{s}, \dfrac{m^3}{s}$ cm^2, dm^2, m^2 $\dfrac{cm}{s}, \dfrac{dm}{s}, \dfrac{m}{s}$ $\dfrac{cm^3}{s}, \dfrac{dm^3}{s}, \dfrac{m^3}{s}$ cm^2, dm^2, m^2 cm, dm, m cm, dm, m $1\,dm^3 = 1\,l$

Pumpenleistung, Hydraulik

Benennung/Abbildung	Formel/Formelumstellung	Formelzeichen	Einheiten
Pumpenleistung	$P_1 = \dfrac{Q \cdot p_e}{600 \cdot \eta}$ (Zahlenwertgleichungen) $\quad P_1 = \dfrac{M \cdot n}{9550}$ $Q = \dfrac{P_1 \cdot 600 \cdot \eta}{p_e} \qquad M = \dfrac{9550 \cdot P_1}{n}$ $p_e = \dfrac{P_1 \cdot 600 \cdot \eta}{Q} \qquad n = \dfrac{9550 \cdot P_1}{M}$ $\eta = \dfrac{Q \cdot p_e}{P_1 \cdot 600}$ $P_2 = \dfrac{Q \cdot p_e}{600}$ (Zahlenwertgleichung mit: P in kW) $\left(Q \text{ in } \dfrac{l}{\min}\right)$ $(p_e \text{ in bar})$ $\eta = \dfrac{P_2}{P_1}$ $P_2 = \eta \cdot P_1 \qquad P_1 = \dfrac{P_2}{\eta}$	P_1 zugeführte Leistung Q Volumenstrom p_e Überdruck η Wirkungsgrad der Pumpe P_2 abgegebene Leistung 600 Umrechnungsfaktor 9550 Umrechnungsfaktor M Drehmoment n Drehzahl 1 Pa $= 1\,N/m^2 = 0{,}00001$ bar 1 bar $= 10\,N/cm^2 = 1000\,N/dm^2 = 0{,}1\,N/mm^2$ 1 mbar $= 100$ Pa $= 1$ hPa	kW $\dfrac{l}{\min} = \dfrac{dm^3}{\min}$ bar, 1 bar $= 10\,\dfrac{N}{cm^2}$ kW N·m $\dfrac{1}{\min}$, $\min^{-1}$ 1 $dm^3 = 1\,l$

Druckübersetzer, Hydraulik | 115

Benennung/Abbildung	Formel/Formelumstellung	Formelzeichen	Einheiten
Druckübersetzer	$p_{e1} \cdot A_1 \cdot \eta = p_{e2} \cdot A_2$ $p_{e1} = \dfrac{p_{e2} \cdot A_2}{A_1 \cdot \eta}$ $A_1 = \dfrac{p_{e2} \cdot A_2}{p_{e1} \cdot \eta}$ $p_{e2} = \dfrac{p_{e1} \cdot A_1 \cdot \eta}{A_2}$ $A_2 = \dfrac{p_{e1} \cdot A_1 \cdot \eta}{p_{e2}}$ $\eta = \dfrac{p_{e2} \cdot A_2}{p_{e1} \cdot A_1}$	p_{e1} Überdruck an der großen Kolbenfläche A_1 A_1 Kolbenfläche des großen Kolbens p_{e2} Überdruck an der kleinen Kolbenfläche A_2 A_2 Kolbenfläche des kleinen Kolbens η Wirkungsgrad des Druckübersetzers 1 Pa $= 1$ N/m$^2 = 0{,}01$ mbar 1 bar $= 100\,000$ N/m$^2 = 10^5$ Pa 1 bar $= 10$ N/cm$^2 = 1$ daN/cm$^2 = 0{,}1$ N/mm^2 1 mbar $= 100$ Pa $= 1$ hPa 1 N/mm$^2 = 100$ N/cm$^2 = 1\,000\,000$ N/m$^2 = 1$ MPa 1 N/mm$^2 = 10$ bar	$\dfrac{\text{N}}{\text{cm}^2}$ cm^2 $\dfrac{\text{N}}{\text{cm}^2}$ cm^2

Luftverbrauch, Pneumatik

Benennung/Abbildung	Formel/Formelumstellung	Formelzeichen	Einheiten
Luftverbrauch für doppelwirkende Zylinder (DZ) $$Q = 2 \cdot s \cdot n \cdot A \cdot \frac{p_e + p_{amb}}{p_{amb}}$$ $$s = \frac{Q}{2 \cdot n \cdot A \cdot \frac{p_e + p_{amb}}{p_{amb}}}$$ $$n = \frac{Q}{2 \cdot s \cdot A \cdot \frac{p_e + p_{amb}}{p_{amb}}}$$ $$A = \frac{Q}{2 \cdot s \cdot n \cdot \frac{p_e + p_{amb}}{p_{amb}}}$$ $Q = 2 \cdot s \cdot n \cdot q$ * für doppeltwirkende Zylinder $s = \frac{Q}{2 \cdot n \cdot q}$ $n = \frac{Q}{2 \cdot s \cdot q}$ $q = \frac{Q}{2 \cdot s \cdot n}$ $Q_1 = s \cdot n_1 \cdot q$ für einfachwirkende Zylinder	Q Luftverbrauch s Hublänge n Doppelhubzahl A Kolbenfläche p_e Überdruck p_{amb} Luftdruck ≈ 1 bar q spezifischer Luftverbrauch je cm Hub **Für einfach wirkende Zylinder ist der Luftverbrauch nur halb so groß.** Q_1 Luftverbrauch für einfachwirkende Zylinder n_1 Hubzahl	$\frac{cm^3}{min}$ cm $\frac{1}{min}$, min^{-1} cm^2 bar $\frac{cm^3}{cm}$ $\frac{cm^3}{min}$ $min^{-1}, \frac{1}{min}$

Luftverbrauch für doppelwirkende Zylinder (DZ) — Abbildung mit d, s, p_e, p_{amb} Luftdruck, A, n.

* Die Werte für q sind den einschlägigen Tabellenbüchern zu entnehmen.

1 bar = 10 N/cm² = 1000 N/dm²
1 l = 1 dm³ = 1000 cm³ = 10³ cm³

Kräfte und Leistungen beim Zerspanen, spezifische Schnittkraft | 117

Benennung/Abbildung	Formel	Formelzeichen		Einheiten
Spezifische Schnittkraft k_c in $\dfrac{N}{mm^2}$	$k_c = \dfrac{k_{c1.1}}{h^{m_c}} \cdot C_1 \cdot C_2$	k_c $k_{c1.1}$ m_c h C_1 C_2	spezifische Schnittkraft Hauptwert der spezifischen Schnittkraft Werkstoffkonstante Spanungsdicke Korrekturfaktor für die Schnittgeschwindigkeit Korrekturfaktor für das Fertigungsverfahren	N/mm^2 N/mm^2 mm

Richtwerte für die spezifische Schnittkraft k_c

zu spanender Werkstoff	$k_{c1.1}$** N/mm^2	m_c***	spezifische Schnittkraft k_c* in N/mm^2 für die Spanungsdicke h in mm								
			0,08	0,1	0,16	0,2	0,31	0,5	0,8	1	1,6
S235JR	1600	0,33	3800	3500	3000	2780	2370	2040	1740	1600	1370
E295	1800	0,27	3460	3260	2870	2700	2380	2120	1860	1750	1540
C60	1690	0,22	2950	2810	2530	2420	2190	1970	1775	1700	1530
C60E	1840	0,18	3000	3050	2750	2620	2360	2145	1930	1850	1660
18CrNi8	1750	0,25	3140	2970	2660	2520	2250	2050	1800	1710	1530
34CrMo4	1770	0,23	3150	2990	2680	2550	2290	2070	1850	1760	1570
50CrV4	1890	0,25	3550	3350	2980	2820	2510	2245	1990	1895	1680
55NiCrMoV6	1800	0,25	3290	3120	2785	2640	2350	2110	1890	1780	1600
EN-GJL-300	1200	0,28	2600	2360	1950	1750	1470	1210	995	900	750
GS45	1580	0,17	2410	2325	2145	2070	1900	1770	1630	1550	1450
GAlSi12	620	0,25	1100	850	780	670	620	550	500	450	400
CuZn40Pb2	770	0,18	1300	1200	1100	950	800	650	550	500	450

Korrekturfaktoren C_1, C_2

Schnittge- schwindigkeit v_c in m/min	C_1	Fertigungs- Verfahren	C_2
10 … 30	1,3	Fräsen	0,8
31 … 80	1,1	Drehen	1,0
81 … 400	1,0	Bohren	1,2
> 400	0,9	–	–

* Die Tabellenwerte gelten für HM-Werkzeuge mit den Spanwinkeln:
$\gamma_0 = +6°$ für Stähle, $\gamma_0 = +2°$ für Gusseisenwerkstoffe, $\gamma_0 = +8°$ für Kupferlegierungen.
** Hauptwert der spezifischen Schnittkraft, entspricht einem Spanungsquerschnitt von 1 mm² (Spanungsbreite b = Spanungsdicke h = 1 mm).
*** Exponent, der die Spanungsdicke h berücksichtigt.

118 | Kräfte und Leistungen beim Drehen, spezifische Schnittkraft

Benennung/Abbildung	Formel/Formelumstellung	Formelzeichen	Einheiten
Kräfte und Leistungen beim Drehen, spezifische Schnittkraft, Spanungsquerschnitt, Zeitspanungsvolumen	$F_c = A \cdot k_c \qquad A = \dfrac{F_c}{k_c} \qquad k_c = \dfrac{F_c}{A}$	F_c Schnittkraft A Spanungsquerschnitt	N mm²
	$A = b \cdot h \qquad b = \dfrac{A}{h} \qquad h = \dfrac{A}{b}$	k_c spezifische Schnittkraft	$\dfrac{N}{mm^2}$
	$A = a_p \cdot f \qquad a_p = \dfrac{A}{f} \qquad f = \dfrac{A}{a_p}$	b Spanungsbreite h Spanungsdicke a_p Schnitttiefe	mm mm mm
	$b = \dfrac{a_p}{\sin \varkappa} \qquad a_p = b \cdot \sin \varkappa; \; \sin \varkappa = \dfrac{a_p}{b}$	f Vorschub je Umdrehung $\varkappa$ Einstellwinkel	mm in ° (Grad)
	$h = f \cdot \sin \varkappa \qquad f = \dfrac{h}{\sin \varkappa} \qquad \sin \varkappa = \dfrac{h}{f}$	Q Zeitspanungsvolumen	$\dfrac{cm^3}{min}$
	$Q = A \cdot v_c \qquad A = \dfrac{Q}{v_c} \qquad v_c = \dfrac{Q}{A}$	v_c Schnittgeschwindigkeit	$\dfrac{m}{min}$
	$P_c = F_c \cdot v_c \qquad F_c = \dfrac{P_c}{v_c} \qquad v_c = \dfrac{P_c}{F_c}$	P_c Schnittleistung	$\dfrac{Nm}{s} = W$
	$P_c = Q \cdot k_c \qquad Q = \dfrac{P_c}{k_c} \qquad k_c = \dfrac{P_c}{Q}$	P_1 erforderliche Antriebsleistung η Wirkungsgrad	$\dfrac{Nm}{s} = W$
	$P_1 = \dfrac{P_c}{\eta} \qquad P_c = P_1 \cdot \eta \qquad \eta = \dfrac{P_c}{P_1}$	k_c vgl. S. 117, 118 C_1, C_2 vgl. S. 117, 118	$1\,kW = 1000\,\dfrac{N \cdot m}{s}$

Korrekturfaktoren C_1, C_2

Schnittgeschwindigkeit v_c in m/min	C_1	Fertigungs-Verfahren	C_2
10 … 30	1,3	Fräsen	0,8
31 … 80	1,1	Drehen	1,0
81 … 400	1,0	Bohren	1,2

Kräfte und Leistungen beim Bohren, spezifische Schnittkraft | 119

Benennung/Abbildung	Formel/Formelumstellung	Formelzeichen	Einheiten
Kräfte und Leistungen beim Bohren, spezifische Schnittkraft, Spanungsquerschnitt, Zeitspanungsvolumen Bohrertyp N, H, W, ($\sigma = 118° \ldots 130°$)	$F_c = A \cdot k_c \quad A = \dfrac{F_c}{k_c} \quad k_c = \dfrac{F_c}{A}$ $A = d \cdot \dfrac{f}{2} \quad d = \dfrac{2 \cdot A}{f} \quad f = \dfrac{2 \cdot A}{d}$ $A = 2 \cdot b \cdot h \quad b = \dfrac{A}{2 \cdot h} \quad h = \dfrac{A}{2 \cdot b}$ $A = a_p \cdot f \quad a_p = \dfrac{A}{f} \quad f = \dfrac{A}{a_p}$ $b = \dfrac{a_p}{\sin \frac{\sigma}{2}} \quad \sin \dfrac{\sigma}{2} = \dfrac{a_p}{b} \quad a_p = \sin \dfrac{\sigma}{2} \cdot b$ $h = f_z \cdot \sin \dfrac{\sigma}{2} \quad f_z = \dfrac{h}{\sin \frac{\sigma}{2}} \quad \sin \dfrac{\sigma}{2} = \dfrac{h}{f_z}$ $M_c = \dfrac{F_c \cdot d}{4} \quad F_c = \dfrac{4 \cdot M_c}{d} \quad d = \dfrac{4 \cdot M_c}{F_c}$ $Q = A \cdot \dfrac{v_c}{2} \quad A = \dfrac{2 \cdot Q}{v_c} \quad v_c = \dfrac{2 \cdot Q}{A}$ $P_c = \dfrac{F_c \cdot v_c}{2} \quad F_c = \dfrac{2 \cdot P_c}{v_c} \quad v_c = \dfrac{2 \cdot P_c}{F_c}$ $P_c = Q \cdot k_c \quad Q = \dfrac{P_c}{k_c} \quad k_c = \dfrac{P_c}{Q}$ $P_1 = \dfrac{P_c}{\eta} \quad P_c = P_1 \cdot \eta \quad \eta = \dfrac{P_c}{P_1}$	F_c Schnittkraft A Spanungsquerschnitt k_c spezifische Schnittkraft d Bohrerdurchmesser f Vorschub je Umdrehung f_z Vorschub je Schneide b Spanungsbreite h Spanungsdicke a_p Schnittbreite σ Spitzenwinkel M_c Schnittmoment Q Zeitspanungsvolumen v_c Schnittgeschwindigkeit P_c Schnittleistung P_1 erforderliche Antriebsleistung η Wirkungsgrad k_c vgl. S. 117, 118 C_1, C_2 vgl. S. 117, 118	N mm² $\dfrac{N}{mm^2}$ mm mm mm mm mm mm in ° (Grad) Nm $\dfrac{cm^3}{min}$ $\dfrac{m}{min}$ $\dfrac{Nm}{s} = W$ $\dfrac{Nm}{s} = W$ $1\ kW = 1000\ \dfrac{N \cdot m}{s}$

120 — Kräfte und Leistungen beim Stirn-Planfräsen, spezifische Schnittkraft

Benennung/Abbildung	Formel/Formelumstellung	Formelzeichen	Einheiten
Kräfte und Leistungen beim Stirn-Planfräsen, spezifische Schnittkraft, Spanungsquerschnitt, Zeitspanungsvolumen $$F_c = A \cdot k_c \quad A = \frac{F_c}{k_c} \quad k_c = \frac{F_c}{A}$$ $$A = a_p \cdot h \cdot z_e \quad a_p = \frac{A}{h \cdot z_e} \quad h = \frac{A}{a_p \cdot z_e} \quad z_e = \frac{A}{a_p \cdot h}$$ $$h \approx 0{,}9 \cdot f_z \quad f_z \approx \frac{h}{0{,}9}$$ $$z_e = \frac{\varphi_s \cdot z}{360°} \quad \varphi_s = \frac{z_e \cdot 360°}{z} \quad z = \frac{z_e \cdot 360°}{\varphi_s}$$ $$\sin \frac{\varphi_s}{2} = \frac{a_e}{d} \quad a_e = \sin \frac{\varphi_s}{2} \cdot d \quad d = \frac{a_e}{\sin \frac{\varphi_s}{2}}$$ $$Q = a_p \cdot a_e \cdot v_f \quad a_p = \frac{Q}{a_e \cdot v_f} \quad a_e = \frac{Q}{a_p \cdot v_f} \quad v_f = \frac{Q}{a_p \cdot a_e}$$ $$v_f = f_z \cdot z \cdot n \quad f_z = \frac{v_f}{z \cdot n} \quad z = \frac{v_f}{f_z \cdot n} \quad n = \frac{v_f}{f_z \cdot z}$$ $$v_f = f \cdot n \quad f = \frac{v_f}{n} \quad n = \frac{v_f}{f}$$ $$f = f_z \cdot z \quad f_z = \frac{f}{z} \quad z = \frac{f}{f_z}$$ $$P_c = F_c \cdot v_c \quad F_c = \frac{P_c}{v_c} \quad v_c = \frac{P_c}{F_c}$$ $$P_c = Q \cdot k_c \quad Q = \frac{P_c}{k_c} \quad k_c = \frac{P_c}{Q}$$ $$P_1 = \frac{P_c}{\eta} \quad P_c = P_1 \cdot \eta \quad \eta = \frac{P_c}{P_1}$$ k_c, C_1, C_2, vgl. S. 117, 118		F_c Schnittkraft A Spanungsquerschnitt k_c spezifische Schnittkraft a_p Schnitttiefe h Spanungsdicke z_e Schneidenzahl im Eingriff f_z Vorschub je Fräserschneide z Schneidenzahl des Fräsers φ_s Eingriffswinkel a_e Arbeitseingriff d Fräserdurchmesser Q Zeitspanungsvolumen v_f Vorschubgeschwindigkeit f Vorschub n Umdrehungsfrequenz (Drehzahl) P_c Schnittleistung v_c Schnittgeschwindigkeit P_1 erforderliche Antriebsleistung η Wirkungsgrad $1\,\text{kW} = 1000\,\frac{\text{N} \cdot \text{m}}{\text{s}}$	N mm^2 N/mm^2 mm mm mm in ° (Grad) mm mm cm^3/min mm/min mm min^{-1} Nm/s = W m/min Nm/s = W

Hauptnutzungszeit beim Langdrehen

Benennung/Abbildung	Formel/Formelumstellung		Formelzeichen		Einheiten
Hauptnutzungszeit beim Langdrehen ohne Ansatz	$L = l_a + l + l_u$		L	Drehlänge, Vorschubweg	mm
	$t_h = \dfrac{L \cdot i}{f \cdot n}$		l	Werkstücklänge	mm
			l_a	Anlaufweg	mm
	$L = \dfrac{t_h \cdot f \cdot n}{i}$	$i = \dfrac{t_h \cdot f \cdot n}{L}$	l_u	Überlauf	mm
			t_h	Hauptnutzungszeit	min
	$f = \dfrac{L \cdot i}{t_h \cdot n}$	$n = \dfrac{L \cdot i}{t_h \cdot f}$	i	Anzahl der Schnitte	
			f	Vorschub je Umdrehung	mm
	$v_c = \dfrac{d \cdot \pi \cdot n}{1000}$	(zugeschnittene Größengleichung)	n	Umdrehungsfrequenz (Drehzahl)	min^{-1}
	$d = \dfrac{v_c \cdot 1000}{\pi \cdot n}$	$n = \dfrac{v_c \cdot 1000}{d \cdot \pi}$	v_c	Schnittgeschwindigkeit	$\dfrac{m}{min}$
			d	Durchmesser	mm
	$t_h = \dfrac{L \cdot i}{v_f}$	$v_f = f \cdot n$	v_f	Vorschubgeschwindigkeit	$\dfrac{mm}{min}$, mm · min^{-1}
		$f = \dfrac{v_f}{n}$			
		$n = \dfrac{v_f}{f}$			
	$v_f = \dfrac{L \cdot i}{t_h}$	$L = \dfrac{v_f \cdot t_h}{i}$			*Fortsetzung*

Hauptnutzungszeit beim Langdrehen

Benennung/Abbildung	Formel/Formelumstellung		Formelzeichen		Einheiten
Fortsetzung **Hauptnutzungszeit beim Langdrehen ohne Überlauf, mit Ansatz**	$L = l_a + l$ $$t_h = \frac{L \cdot i}{f \cdot n}$$ $L = \frac{t_h \cdot f \cdot n}{i}$ $f = \frac{L \cdot i}{t_h \cdot n}$ $$v_c = \frac{d \cdot \pi \cdot n}{1000}$$ $d = \frac{v_c \cdot 1000}{\pi \cdot n}$ $v_f = f \cdot n$ $f = \frac{v_f}{n}$ $n = \frac{v_f}{f}$	$i = \frac{t_h \cdot f \cdot n}{L}$ $n = \frac{L \cdot i}{t_h \cdot f}$ (zugeschnittene Größengleichung) $n = \frac{v_c \cdot 1000}{d \cdot \pi}$	L l l_a t_h i f n v_c d v_f	Drehlänge, Vorschubweg Werkstücklänge Anlaufweg Hauptnutzungszeit Anzahl der Schnitte Vorschub je Umdrehung Umdrehungsfrequenz (Drehzahl) Schnittgeschwindigkeit Durchmesser Vorschubgeschwindigkeit	mm mm mm min mm min^{-1} $\frac{\text{m}}{\text{min}}$ mm $\frac{\text{mm}}{\text{min}}$, $\text{mm} \cdot \text{min}^{-1}$

Hauptnutzungszeit beim Plandrehen | 123

Benennung/Abbildung	Formel/Formelumstellung		Formelzeichen	Einheiten
Hauptnutzungszeit beim Plandrehen eines Vollzylinders ohne Ansatz	$L = l_a + l$		L Drehlänge, Vorschubweg	mm
	$l = \dfrac{d}{2}$	$t_h = \dfrac{L \cdot i}{f \cdot n}$	l Werkstücklänge	mm
			l_a Anlaufweg	mm
	$L = \dfrac{t_h \cdot f \cdot n}{i}$	$i = \dfrac{t_h \cdot f \cdot n}{L}$	t_h Hauptnutzungszeit	min
			i Anzahl der Schnitte	
	$f = \dfrac{L \cdot i}{t_h \cdot n}$	$n = \dfrac{L \cdot i}{t_h \cdot f}$	f Vorschub je Umdrehung	mm
			n Umdrehungsfrequenz (Drehzahl)	min^{-1}
	$v_c = \dfrac{d_m \cdot \pi \cdot n}{1000}$	(zugeschnittene Größengleichung)	v_c Schnittgeschwindigkeit	$\dfrac{m}{min}$
	$d_m = \dfrac{v_c \cdot 1000}{\pi \cdot n}$	$n = \dfrac{v_c \cdot 1000}{d_m \cdot \pi}$	d Durchmesser	mm
			d_m mittlerer Durchmesser	mm
	$d_m = \dfrac{d}{2}$		v_f Vorschubgeschwindigkeit	$\dfrac{mm}{min}$, mm · min^{-1}
	$v_f = f \cdot n$	$f = \dfrac{v_f}{n}$		
		$n = \dfrac{v_f}{f}$		

124 Hauptnutzungszeit beim Plandrehen

Benennung/Abbildung	Formel/Formelumstellung		Formelzeichen		Einheiten
Hauptnutzungszeit beim Plandrehen; **Drehteil mit Ansatz (mit Lagerzapfen)**	$L = l_a + l$		L	Gesamtdrehweg, Vorschubweg	mm
	$l = \dfrac{d_1 - d_2}{2}$		l_a	Anlauf	mm
			l	Drehweg bis zum Zapfen	mm
	$L = l_a + \dfrac{d_1 - d_2}{2}$		d_1	Außendurchmesser	mm
			d_2	Zapfendurchmesser	mm
			d_m	mittlerer Durchmesser	mm
	$t_h = \dfrac{L \cdot i}{f \cdot n}$		t_h	Hauptnutzungszeit	min
			i	Anzahl der Schnitte	
	$L = \dfrac{t_h \cdot f \cdot n}{i}$	$i = \dfrac{t_h \cdot f \cdot n}{L}$	f	Vorschub je Umdrehung	mm
	$f = \dfrac{L \cdot i}{t_h \cdot n}$	$n = \dfrac{L \cdot i}{t_h \cdot f}$	n	Umdrehungsfrequenz (Drehzahl)	min^{-1}
			v_c	Schnittgeschwindigkeit	$\dfrac{\text{m}}{\text{min}}$
	$v_f = f \cdot n$	$f = \dfrac{v_f}{n}$	v_f	Vorschubgeschwindigkeit	$\dfrac{\text{mm}}{\text{min}}$, $\text{mm} \cdot \text{min}^{-1}$
		$n = \dfrac{v_f}{f}$			

Fortsetzung

Hauptnutzungszeit, Plandrehen, Rautiefe, Eckenradius, Vorschub | 125

Benennung/Abbildung	Formel/Formelumstellung	Formelzeichen	Einheiten
Fortsetzung **Hauptnutzungszeit beim Plandrehen; Drehteil mit Ansatz (mit Lagerzapfen)**	$d_m = \dfrac{d_1 + d_2}{2}$ $v_c = \dfrac{d_m \cdot \pi \cdot n}{1000}$ (zugeschnittene Größengleichung) $d_m = \dfrac{v_c \cdot 1000}{\pi \cdot n}$ $n = \dfrac{v_c \cdot 1000}{d_m \cdot \pi}$ $t_h = \dfrac{L \cdot i}{f \cdot n}$ $L = \dfrac{t_h \cdot f \cdot n}{i}$ $i = \dfrac{t_h \cdot f \cdot n}{L}$ $f = \dfrac{L \cdot i}{t_h \cdot n}$ $n = \dfrac{L \cdot i}{t_h \cdot f}$	L Gesamtdrehweg, Vorschubweg l_a Anlauf l Drehweg bis zum Zapfen d_1 Außendurchmesser d_2 Zapfendurchmesser d_m mittlerer Durchmesser t_h Hauptnutzungszeit i Anzahl der Schnitte f Vorschub je Umdrehung n Umdrehungsfrequenz (Drehzahl) v_c Schnittgeschwindigkeit	mm mm mm mm mm mm min mm min^{-1} $\dfrac{m}{min}$
Rautiefe in Abhängigkeit von Eckenradius und Vorschub	$R_{th} = \dfrac{f^2}{8 \cdot r_\varepsilon}$ $f = \sqrt{8 \cdot R_{th} \cdot r_\varepsilon}$ $r_\varepsilon = \dfrac{f^2}{8 \cdot R_{th}}$	R_{th} theoretische Rautiefe f Vorschub r_ε Eckenradius (Spitzenradius) $R_{th} \approx R_z$	µm, mm mm mm

126 | Hauptnutzungszeit beim Plandrehen

Benennung/Abbildung	Formel/Formelumstellung		Formelzeichen		Einheiten
Hauptnutzungszeit beim Plandrehen; **Drehteil ist ein Hohlzylinder (Kreisringfläche)**	$L = l_a + l + l_u$ $l = \dfrac{d_1 - d_2}{2}$ $L = l_a + \dfrac{d_1 - d_2}{2} + l_u$ $t_h = \dfrac{L \cdot i}{f \cdot n}$ $L = \dfrac{t_h \cdot f \cdot n}{i}$ $f = \dfrac{L \cdot i}{t_h \cdot n}$ $v_f = f \cdot n$	$i = \dfrac{t_h \cdot f \cdot n}{L}$ $n = \dfrac{L \cdot i}{t_h \cdot f}$ $f = \dfrac{v_f}{n}$ $n = \dfrac{v_f}{f}$	L l_a l l_u d_1 d_2 d_m t_h i f n v_c v_f	Gesamtdrehweg, Vorschubweg Anlauf Drehweg bis zum Zapfen Überlauf Außendurchmesser Innendurchmesser mittlerer Durchmesser Hauptnutzungszeit Anzahl der Schnitte Vorschub je Umdrehung Umdrehungsfrequenz (Drehzahl) Schnittgeschwindigkeit Vorschubgeschwindigkeit	mm mm mm mm mm mm mm min mm min^{-1} $\dfrac{\text{m}}{\text{min}}$ $\dfrac{\text{mm}}{\text{min}}$, mm · min^{-1}

Fortsetzung

Hauptnutzungszeit beim Plandrehen | 127

Benennung/Abbildung	Formel/Formelumstellung		Formelzeichen		Einheiten
Fortsetzung **Hauptnutzungszeit beim Plandrehen; Drehteil ist ein Hohlzylinder (Kreisringfläche)**	$d_m = \dfrac{d_1 + d_2}{2}$		L	Gesamtdrehweg,	mm
			l_a	Anlauf	mm
			l_u	Überlauf	mm
	$v_c = \dfrac{d_m \cdot \pi \cdot n}{1000}$	(zugeschnittene Größengleichung)	l	Drehweg bis zum Zapfen	mm
			d_1	Außendurchmesser	mm
	$d_m = \dfrac{v_c \cdot 1000}{\pi \cdot n}$		d_2	Innendurchmesser	mm
			d_m	mittlerer Durchmesser	mm
	$n = \dfrac{v_c \cdot 1000}{d_m \cdot \pi}$		t_h	Hauptnutzungszeit	mm
			i	Anzahl der Schnitte	
	$v_f = f \cdot n$	$f = \dfrac{v_f}{n}$	f	Vorschub je Umdrehung	mm
		$n = \dfrac{v_f}{f}$	n	Umdrehungsfrequenz (Drehzahl)	min^{-1}
	$t_h = \dfrac{L \cdot i}{f \cdot n}$	$L = \dfrac{t_h \cdot f \cdot n}{i}$	v_c	Schnittgeschwindigkeit	$\dfrac{m}{min}$
	$i = \dfrac{t_h \cdot f \cdot n}{L}$	$f = \dfrac{L \cdot i}{t_h \cdot n}$	v_f	Vorschubgeschwindigkeit	$\dfrac{mm}{min}$, mm · min^{-1}
	$n = \dfrac{L \cdot i}{t_h \cdot f}$				

Kegeldrehen durch Verstellen des Oberschlittens

Benennung/Abbildung	Formel/Formelumstellung		Formelzeichen		Einheiten
Kegeldrehen durch Verstellen des Oberschlittens	$C = \dfrac{1}{x}$	$D = C \cdot L + d$ $L = \dfrac{D-d}{C}$	C	Kegelverjüngung, Kegelverhältnis	
	$C = \dfrac{D-d}{L}$	$d = D - C \cdot L$	x	Länge des Kegelstückes bei 1 mm Durchmesseränderung	mm
	$\dfrac{C}{2} = \dfrac{1}{2 \cdot x} = \dfrac{D-d}{2 \cdot L}$		$\dfrac{1}{x}$	Kegelverjüngung, Kegelverhältnis	
	$\tan \dfrac{\alpha}{2} = \dfrac{C}{2}$	$C = 2 \cdot \tan \dfrac{\alpha}{2}$	D	großer Kegeldurchmesser	mm
	$\tan \dfrac{\alpha}{2} = \dfrac{D-d}{2 \cdot L}$		d	kleiner Kegeldurchmesser	mm
			L	Kegellänge	mm
	$D = 2 \cdot L \cdot \tan \dfrac{\alpha}{2} + d$		$\dfrac{C}{2}$	Kegelneigung	
	$d = D - 2 \cdot L \cdot \tan \dfrac{\alpha}{2}$		α	Kegelwinkel	in °(Grad)
			$\dfrac{\alpha}{2}$	Einstellwinkel, Kegelerzeugungswinkel	in °(Grad)
	$L = \dfrac{D-d}{2 \cdot \tan \dfrac{\alpha}{2}}$		$1:x$	Kegelverjüngung	
			$1:2x$	Neigung	

Kegeldrehen durch Verstellen des Reitstocks | 129

Benennung/Abbildung	Formel/Formelumstellung	Formelzeichen	Einheiten
Kegeldrehen durch Verstellen des Reitstocks Drehmaschinenachse, Reitstockmitte, D, d, V_R, L, L_W, $\frac{D-d}{2}$	$V_R = \dfrac{C}{2} \cdot L_W$ $\dfrac{C}{2} = \dfrac{V_R}{L_W}$ $\qquad C = \dfrac{2 \cdot V_R}{L_W}$ $L_W = \dfrac{2 \cdot V_R}{C}$ $V_R = \dfrac{D-d}{2} \cdot \dfrac{L_W}{L}$ $D = \dfrac{2 \cdot V_R \cdot L}{L_W} + d$ $d = D - \dfrac{2 \cdot V_R \cdot L}{L_W}$ $L_W = \dfrac{2 \cdot V_R \cdot L}{D - d}$ $L = \dfrac{(D-d) \cdot L_W}{2 \cdot V_R}$	V_R Reitstockverstellung $\dfrac{C}{2}$ Kegelneigung C Kegelverjüngung L_W Länge des Werkstücks D großer Kegeldurchmesser d kleiner Kegeldurchmesser L Länge des Kegels	mm mm mm mm mm

Hauptnutzungszeit Bohren

Benennung/Abbildung	Formel/Formelumstellung		Formelzeichen	Einheiten
Hauptnutzungszeit beim Bohren Durchgangsbohrung Grundlochbohrung	$L = l_s + l_a + l + l_u$ $L = l_s + l_a + l$ $t_h = \dfrac{L \cdot i}{f \cdot n}$ $L = \dfrac{t_h \cdot f \cdot n}{i}$ $f = \dfrac{L \cdot i}{t_h \cdot n}$ $v_c = \dfrac{d \cdot \pi \cdot n}{1000}$ $n = \dfrac{v_c \cdot 1000}{d \cdot \pi}$ $v_f = f \cdot n$	für Sacklöcher, Grundlochbohrungen $l_s = \dfrac{d}{2 \cdot \tan\dfrac{\sigma}{2}}$ $i = \dfrac{t_h \cdot f \cdot n}{L}$ $n = \dfrac{L \cdot i}{t_h \cdot f}$ (zugeschnittene Größengleichung) $d = \dfrac{v_c \cdot 1000}{\pi \cdot n}$ $f = \dfrac{v_f}{n} \quad n = \dfrac{v_f}{f}$	Bohrerspitzenlänge, Anschnitt l_s in mm | σ | l_s | |---|---| | 80° | $0{,}6 \cdot d$ | | 118° | $0{,}3 \cdot d$ | | 130° | $0{,}23 \cdot d$ | | 140° | $0{,}18 \cdot d$ | L Bohrweg σ Spitzenwinkel des Bohrers l_a Anlauf l Bohrungstiefe l_u Überlauf bei Durchgangsbohrungen t_h Hauptnutzungszeit f Vorschub je Umdrehung n Umdrehungsfrequenz (Drehzahl) i Anzahl der Bohrungen v_c Schnittgeschwindigkeit d Bohrerdurchmesser v_f Vorschubgeschwindigkeit	mm in ° (Grad) mm mm mm min mm min^{-1} $\dfrac{\text{m}}{\text{min}}$ mm $\dfrac{\text{mm}}{\text{min}}$, mm · min^{-1}

Hauptnutzungszeit Reiben

Benennung/Abbildung	Formel/Formelumstellung		Formelzeichen		Einheiten
Hauptnutzungszeit beim Reiben	$L = l_s + l_a + l + l_u$	L für Durchgangsbohrung	L	Vorschubweg	mm
			γ	Anschnittwinkel	in ° (Grad)
	$t_h = \dfrac{L \cdot i}{f \cdot n}$	$L = \dfrac{t_h \cdot f \cdot n}{i}$	l_s	Anschnittweg	mm
			l_a	Anlauf	mm
	$i = \dfrac{t_h \cdot f \cdot n}{L}$	$f = \dfrac{L \cdot i}{t_h \cdot n}$	l	Werkstückdicke, Reibweg	mm
	$n = \dfrac{L \cdot i}{t_h \cdot f}$	$l_s = \dfrac{d}{2} \cdot \dfrac{1}{\tan \gamma}$	l_u	Überlauf bei Durchgangsbohrungen	mm
			t_h	Hauptnutzungszeit	min
	$n = \dfrac{v_c \cdot 1000}{\pi \cdot d}$	(zugeschnittene Größengleichung)	i	Anzahl der Bohrungen	
			f	Vorschub je Umdrehung	mm
	$v_c = \dfrac{d \cdot \pi \cdot n}{1000}$		n	Umdrehungsfrequenz (Drehzahl)	$\dfrac{1}{\min}$, $\min^{-1}$
	$d = \dfrac{v_c \cdot 1000}{\pi \cdot n}$		v_c	Schnittgeschwindigkeit	$\dfrac{m}{\min}$
	$L = l_s + l_a + l$	L für Grundlochbohrung	d	Durchmesser der Reibahle	mm
	$v_f = f \cdot n$	$f = \dfrac{v_f}{n} \quad n = \dfrac{v_f}{f}$	v_f	Vorschubgeschwindigkeit	$\dfrac{mm}{\min}$, $mm \cdot \min^{-1}$

Hauptnutzungszeit Senken

Benennung/Abbildung	Formel/Formelumstellung		Formelzeichen		Einheiten
Hauptnutzungszeit beim Senken	$L = l + l_a$		L	Vorschubweg	mm
	$t_h = \dfrac{L \cdot i}{f \cdot n}$	$L = \dfrac{t_h \cdot f \cdot n}{i}$	l	Senktiefe	mm
			l_a	Anlauf	mm
			t_h	Hauptnutzungszeit	min
	$i = \dfrac{t_h \cdot f \cdot n}{L}$	$f = \dfrac{L \cdot i}{t_h \cdot n}$	i	Anzahl der Senkungen	
			f	Vorschub je Umdrehung	mm
	$n = \dfrac{L \cdot i}{t_h \cdot f}$				
			n	Umdrehungsfrequenz (Drehzahl)	$\text{min}^{-1}, \dfrac{1}{\text{min}}$
	$n = \dfrac{v_c \cdot 1000}{\pi \cdot d}$	(zugeschnittene Größengleichung)	v_c	Schnittgeschwindigkeit	$\dfrac{\text{m}}{\text{min}}$
	$v_c = \dfrac{d \cdot \pi \cdot n}{1000}$		d	Durchmesser des Zapfensenkers	mm
	$d = \dfrac{v_c \cdot 1000}{\pi \cdot n}$		v_f	Vorschubgeschwindigkeit	$\dfrac{\text{mm}}{\text{min}}, \text{mm} \cdot \text{min}^{-1}$
	$v_f = f \cdot n$	$f = \dfrac{v_f}{n}$			
		$n = \dfrac{v_f}{f}$			

Hauptnutzungszeit Gewindeschneiden, -bohren | 133

Benennung/Abbildung	Formel/Formelumstellung	Formelzeichen	Einheiten
Hauptnutzungszeit beim Gewindeschneiden, -bohren	$L = l_s + l_a + l + l_u$ $\quad$ $t_h = \dfrac{L \cdot i}{f \cdot n}$ $\quad$ $L = \dfrac{t_h \cdot f \cdot n}{i}$ $\quad$ $i = \dfrac{t_h \cdot f \cdot n}{L}$ $\quad$ $f = \dfrac{L \cdot i}{t_h \cdot n}$ $\quad$ $n = \dfrac{L \cdot i}{t_h \cdot f}$ $\quad$ $n = \dfrac{v_c \cdot 1000}{\pi \cdot d}$ (zugeschnittene Größengleichung) $\quad$ $l_s = g \cdot P$ Grundlochgewinde $L = l_s + l_a + l$ $\quad$ t_h, n siehe oben $l_s = g \cdot P$ $v_f = f \cdot n$ $\quad$ $f = \dfrac{v_f}{n}$ $\quad$ $n = \dfrac{v_f}{f}$	L Vorschubweg l_s Anschnittweg l_a Anlauf l Gewindebohrungstiefe l_u Überlauf t_h Hauptnutzungszeit i Anzahl der Gewindebohrungen f Vorschub je Umdrehung n Umdrehungsfrequenz (Drehzahl) v_c Schnittgeschwindigkeit d Gewindedurchmesser g Gangzahl P Steigung v_f Vorschubgeschwindigkeit	mm mm mm mm mm min mm $\min^{-1}, \dfrac{1}{\min}$ $\dfrac{m}{\min}$ mm mm $\dfrac{mm}{\min}, mm \cdot \min^{-1}$

Biegebeanspruchung, Festigkeitsberechnungen

Benennung/Abbildung	Formel/Formelumstellung	Formelzeichen		Einheiten
Beanspruchung auf Biegung verlängerte Zugfaser / Zugspannungen / Biegelinie / neutrale Faser / verkürzte Druckfaser / Druckspannungen	$\sigma_b = \dfrac{M_b}{W}$ $W = \dfrac{M_b}{\sigma_b}$ $M_b = \sigma_b \cdot W$ $W_{erf} = \dfrac{M_b}{\sigma_{b_{zul}}}$ $\sigma_{b_{zul}} = \dfrac{M_b}{W_{erf}}$ $M_b = \sigma_{b_{zul}} \cdot W_{erf}$ $\sigma_{b_{zul}} = \dfrac{\sigma_{bF}}{v}$ $\sigma_{bF} \approx 1{,}2 \cdot R_e$ bei Stahl und statischer Belastung	M_b σ_b W F l h b f E I F' W_{erf} $\sigma_{b_{zul}}$ σ_{bF} R_e	Biegemoment Biegespannung axiales Widerstandsmoment Kraft wirksame Hebellänge der Kraft Höhe des Trägers Breite des Trägers Durchbiegung Elastizitätsmodul (für Stahl, Stahlguss = 210 000 N/mm²) Flächenmoment 2. Grades Streckenlast (Last pro Längeneinheit, z. B. N/cm) erforderliches axiales Widerstandsmoment zulässige Biegespannung Biegefließgrenze b. Stahl und statischer Belastung Streckgrenze	N · m N/mm² cm³ N m cm cm mm N/mm² $E = 210\,\text{kN/mm}^2$ $E = 2{,}1 \cdot 10^5\,\text{N/m}^2$ cm⁴ N/cm cm³ N/mm² N/mm² $\sigma_{bF} \approx 1{,}2 R_e$ N/mm²
(Kragträger mit Einzellast F am Ende, Länge l)	$M_b = F \cdot l$ $f = \dfrac{F \cdot l^3}{3 \cdot E \cdot I}$ $F = \dfrac{M_b}{l}$ $l = \dfrac{M_b}{F}$			
(Zweifach gelagerter Träger mit Einzellast F in der Mitte, $l/2$)	$M_b = \dfrac{F \cdot l}{4}$ $F = \dfrac{4 \cdot M_b}{l}$ $f = \dfrac{1}{48} \cdot \dfrac{F \cdot l^3}{E \cdot I}$ $l = \dfrac{4 \cdot M_b}{F}$			
(Beidseitig eingespannter Träger mit Einzellast F in der Mitte, $l/2 + l/2$)	$M_b = \dfrac{F \cdot l}{8}$ $F = \dfrac{8 \cdot M_b}{l}$ $f = \dfrac{1}{192} \cdot \dfrac{F \cdot l^3}{E \cdot I}$			
(Beidseitig eingespannter Träger mit Streckenlast F', Länge l)	Mit Streckenlast F' $M_b = \dfrac{F' \cdot l^2}{24}$ $F' = \dfrac{24 \cdot M_b}{l^2}$ $f = \dfrac{F' \cdot l^4}{384 \cdot E \cdot I}$			

Axiale Widerstandsmomente verschiedener Querschnitte

Widerstandsmomente, Querschnitte mit Formeln				Formelzeichen	Einheiten
Quadrat	$W_x = W_y = \dfrac{h^3}{6}$ $W_C = \sqrt{2} \cdot \dfrac{h^3}{12}$	Kreis	$W_x = W_y = \dfrac{\pi \cdot d^3}{32}$	W_x axiales Widerstandsmoment für die x-Achse W_y axiales Widerstandsmoment für die y-Achse W_C axiales Widerstandsmoment für die C-Achse	cm³ cm³ cm³
Rechteck	$W_x = \dfrac{b \cdot h^2}{6}$ $W_y = \dfrac{h \cdot b^2}{6}$	Kreisring	$W_x = W_y = \dfrac{\pi \cdot (D^4 - d^4)}{32 \cdot D}$	W_x axiales Widerstandsmoment für die x-Achse W_y axiales Widerstandsmoment für die y-Achse b Breite h Höhe	cm³ cm³ cm cm
Rechteck	$W_x = \dfrac{b \cdot h^2}{6}$ $W_y = \dfrac{h \cdot b^2}{6}$	Dreieck	$W_x = \dfrac{l \cdot h^2}{24}$ $W_y = \dfrac{h \cdot l^2}{24}$ $e = \dfrac{2}{3} \cdot h$	W_x axiales Widerstandsmoment für die x-Achse W_y axiales Widerstandsmoment für die y-Achse e Maß für Lage der x-Achse	cm³ cm³ mm, cm
Hohlrechteck	$W_x = \dfrac{B \cdot H^3 - b \cdot h^3}{6 \cdot H}$ $W_y = \dfrac{H \cdot B^3 - h \cdot b^3}{6 \cdot B}$	U 200	$W_x = 191\,\text{cm}^3$ $W_y = 27\,\text{cm}^3$	U 200 Beispiel nach Tabellenbuch	

Hauptnutzungszeit Sägen

Benennung/Abbildung	Formel/Formelumstellung	Formelzeichen	Einheiten
Mittlere Geschwindigkeit und Hauptnutzungszeit beim Sägen $$v_m = 2 \cdot L \cdot n_D \qquad L = \frac{v_m}{2 \cdot n_D} \qquad n_D = \frac{v_m}{2 \cdot L}$$ $$t_h = \frac{L \cdot i}{f \cdot n_D}$$	v_m mittlere Schnittgeschwindigkeit L Hublänge n_D Doppelhubzahl (Kurbeldrehzahl) t_h Hauptnutzungszeit i Anzahl der Schnitte f Vorschub je Umdrehung	$\frac{m}{min}$ mm $\frac{1}{min}$ min mm
Hauptnutzungszeit beim Sägen mit der Bandsäge $$t_h = \frac{L}{v_f} \qquad L = t_h \cdot v_f \qquad v_f = \frac{L}{t_h}$$ $$t_h = \frac{L \cdot p}{d \cdot \pi \cdot n \cdot f_z} \qquad L = \frac{t_h \cdot d \cdot \pi \cdot n \cdot f_z}{p}$$ $$p = \frac{t_h \cdot d \cdot \pi \cdot n \cdot f_z}{L} \qquad d = \frac{L \cdot p}{t_h \cdot \pi \cdot n \cdot f_z}$$ $$n = \frac{L \cdot p}{t_h \cdot d \cdot \pi \cdot f_z} \qquad v_f = \frac{d \cdot \pi \cdot n \cdot f_z}{p}$$	t_h Hauptnutzungszeit L Sägeschnittlänge v_f Vorschubgeschwindigkeit p Teilung des Sägeblatts d Durchmesser der Antriebsscheiben n Umdrehungsfrequenz (Drehzahl) der Antriebsscheibe f_z Vorschub je Sägezahn	min mm $\frac{m}{min}$ mm mm $\frac{1}{min}$ mm

Hauptnutzungszeit Fräsen | 137

Benennung/Abbildung	Formel/Formelumstellung		Formelzeichen		Einheiten
Hauptnutzungszeit beim Umfangs-Planfräsen	$L = l_s + l_a + l + l_u$	für Schruppen oder Schlichten	L	Fräsweg, Vorschubweg	mm
	$l_s = \sqrt{d \cdot a - a^2}$	für Schruppen oder Schlichten	a	Spanungstiefe	mm
			l	Werkstücklänge	mm
	$t_h = \dfrac{L \cdot i}{v_f}$	$L = \dfrac{t_h \cdot v_f}{i}$	l_s	Anschnitt	mm
			l_a	Anlauf	mm
			l_u	Überlauf	mm
	$i = \dfrac{t_h \cdot v_f}{L}$	$v_f = \dfrac{L \cdot i}{t_h}$	t_h	Hauptnutzungszeit	min
			i	Anzahl der Schnitte	
	$v_f = f \cdot n$		v_f	Vorschubgeschwindigkeit	$\dfrac{mm}{min}$
	$v_f = f_z \cdot z \cdot n$	$f_z = \dfrac{v_f}{z \cdot n}$	f	Vorschub je Fräserumdrehung	mm
Fräserart: – Walzenfräser	$z = \dfrac{v_f}{f_z \cdot n}$	$n = \dfrac{v_f}{f_z \cdot z}$	n	Umdrehungsfrequenz des Fräsers, Fräserdrehzahl	min^{-1}
	$t_h = \dfrac{L \cdot i}{f_z \cdot z \cdot n}$		f_z	Vorschub je Fräserzahn	mm
			z	Zähnezahl des Fräsers	
	$n = \dfrac{v_c \cdot 1000}{\pi \cdot d}$	(zugeschnittene Größengleichung)	v_c	Schnittgeschwindigkeit	$\dfrac{m}{min}$
			d	Durchmesser des Fräsers	mm

Hauptnutzungszeit Fräsen

Benennung/Abbildung	Formel/Formelumstellung		Formelzeichen	Einheiten
Hauptnutzungszeit beim Stirnumfangs-Planfräsen Fräserart: – Walzenstirnfräser – Scheibenfräser	$L = l_s + l_a + l + l_u$ für Schruppen $L = 2 \cdot l_s + l_a + l + l_u$ für Schlichten $l_s = \sqrt{d \cdot a - a^2}$ $t_h = \dfrac{L \cdot i}{v_f}$ $v_f = f \cdot n$ $t_h = \dfrac{L \cdot i}{f \cdot n}$ $i = \dfrac{t_h \cdot f \cdot n}{L}$ $n = \dfrac{L \cdot i}{t_h \cdot f}$ $t_h = \dfrac{L \cdot i}{f_z \cdot z \cdot n}$ $v_f = f_z \cdot z \cdot n$	$L = \dfrac{t_h \cdot f \cdot n}{i}$ $f = \dfrac{L \cdot i}{t_h \cdot n}$ $v_c = \dfrac{d \cdot \pi \cdot n}{1000}$ (zugeschnittene Größengleichung)	L Fräsweg, Vorschubweg a Spanungstiefe l Werkstücklänge l_s Anschnitt l_a Anlauf l_u Überlauf t_h Hauptnutzungszeit i Anzahl der Schnitte v_f Vorschubgeschwindigkeit f Vorschub je Fräserumdrehung n Umdrehungsfrequenz des Fräsers, Fräserdrehzahl f_z Vorschub je Fräserzahn z Zähnezahl des Fräsers v_c Schnittgeschwindigkeit d Durchmesser des Fräsers	mm mm mm mm mm mm min $\dfrac{mm}{min}$ mm min^{-1} mm $\dfrac{m}{min}$ mm

Hauptnutzungszeit Fräsen

Benennung/Abbildung	Formel/Formelumstellung	Formelzeichen	Einheiten
Hauptnutzungszeit beim mittigen Stirn-Planfräsen Fräserart: – Walzenstirnfräser	$L = \dfrac{d}{2} + l + l_a + l_u - l_s$ für Schruppen $L = d + l + l_a + l_u$ für Schlichten $l_s = 0{,}5 \cdot \sqrt{d^2 - b^2}$ $\quad$ $l_s = 0{,}5 \cdot \sqrt{d^2 - a_e^2}$ $t_h = \dfrac{L \cdot i}{v_f}$ $v_f = f \cdot n$ $t_h = \dfrac{L \cdot i}{f \cdot n}$ $\qquad L = \dfrac{t_h \cdot f \cdot n}{i}$ $i = \dfrac{t_h \cdot f \cdot n}{L}$ $\qquad f = \dfrac{L \cdot i}{t_h \cdot n}$ $n = \dfrac{L \cdot i}{t_h \cdot f}$ $t_h = \dfrac{L \cdot i}{f_z \cdot z \cdot n}$ $\qquad v_c = \dfrac{d \cdot \pi \cdot n}{1000}$ $v_f = f_z \cdot z \cdot n$ (zugeschnittene Größengleichung)	L Fräsweg, Vorschubweg l Werkstücklänge b Werkstückbreite a_e Schnitt-, Fräsbreite l_s Anschnitt l_a Anlauf l_u Überlauf t_h Hauptnutzungszeit i Anzahl der Schnitte v_f Vorschubgeschwindigkeit f Vorschub je Fräserumdrehung n Umdrehungsfrequenz des Fräsers, Fräserdrehzahl f_z Vorschub je Fräserzahn z Zähnezahl des Fräsers v_c Schnittgeschwindigkeit d Durchmesser des Fräsers $b = a_e$	mm mm mm mm mm mm mm min $\dfrac{mm}{min}$ mm min^{-1} mm $\dfrac{m}{min}$ mm

Hauptnutzungszeit Nutenfräsen

Benennung/Abbildung	Formel/Formelumstellung		Formelzeichen		Einheiten
Hauptnutzungszeit beim Nuten-Fräsen (einseitig offen)	$L = l + l_u - \dfrac{d}{2}$ für einseitig offene Nut		a	Spanungstiefe	mm
	$L = l - d$ für geschlossene Nut		L	Fräsweg, Vorschubweg	mm
			l	Länge der Nut	mm
	$i = \dfrac{l_a + t}{a}$		l_a	Anlauf	mm
			l_u	Überlauf	mm
	$t_h = \dfrac{L \cdot i}{v_f}$		t_h	Hauptnutzungszeit	min
			i	Anzahl der Schnitte	
	$v_f = f \cdot n$		v_f	Vorschubgeschwindigkeit	$\dfrac{mm}{min}$
	$t_h = \dfrac{L \cdot i}{f \cdot n}$	$L = \dfrac{t_h \cdot f \cdot n}{i}$	f	Vorschub je Fräserumdrehung	mm
Geschlossene Nut			n	Fräserdrehzahl	min^{-1}
	$i = \dfrac{t_h \cdot f \cdot n}{L}$	$f = \dfrac{L \cdot i}{t_h \cdot n}$	f_z	Vorschub je Fräserzahn	mm
	$n = \dfrac{L \cdot i}{t_h \cdot f}$				
			z	Zähnezahl des Fräsers	
			t	Nuttiefe	mm
	$t_h = \dfrac{L \cdot i}{f_z \cdot z \cdot n}$	$v_c = \dfrac{d \cdot \pi \cdot n}{1000}$	v_c	Schnittgeschwindigkeit	$\dfrac{m}{min}$
		(zugeschnittene Größengleichung)	d	Durchmesser des Fräsers	mm
	$v_f = f_z \cdot z \cdot n$				
	$n = \dfrac{v_c \cdot 1000}{\pi \cdot d}$				

Hauptnutzungszeit Schleifen | 141

Benennung/Abbildung	Formel/Formelumstellung	Formelzeichen	Einheiten
Hauptnutzungszeit beim Flachschleifen, Umfangs-Planschleifen ohne Ansatz	$L = l + l_a + l_u$ $t_h = \dfrac{i}{n} \cdot \left(\dfrac{B}{f} + 1\right)$ $B = b - \dfrac{1}{3} \cdot b_s$ * (ohne Ansatz) $n = \dfrac{v_f}{L}$ $v_f = n \cdot L;\ L = \dfrac{v_f}{n}$ $v_f = \dfrac{L}{t}$ $L = v_f \cdot t;\ t = \dfrac{L}{v_f}$ $i = \dfrac{t_z}{a} + 8$ ** $v_c = \dfrac{d \cdot \pi \cdot n_s}{1000 \cdot 60}$ (zugeschnittene Größengleichung) $n_s = \dfrac{v_c \cdot 1000 \cdot 60}{d \cdot \pi}$ * Der Anlaufweg ist mit 2/3 von b_s schon negativ im Eingriff. ** 8 Schnitte zum Ausfeuern	L Vorschubweg l_a Anlauf l Werkstücklänge l_u Überlauf B Schleifbreite b Werkstückbreite b_s Schleifscheibenbreite t_h Hauptnutzungszeit i Anzahl der Schnitte f Quervorschub je Hub v_f Vorschubgeschwindigkeit b_u Überlaufbreite n Hubzahl je Minute t_z Schleifzugabe a Spanungstiefe, Zustellung, Schnitttiefe t Zeit je Hub v_c Schnittgeschwindigkeit der Schleifscheibe d Durchmesser der Schleifscheibe n_s Umdrehungsfrequenz (Drehzahl) der Schleifscheibe	mm mm mm mm mm mm mm min mm $\dfrac{\text{mm}}{\text{min}}$ mm min^{-1} mm mm min $\dfrac{\text{m}}{\text{s}}$ mm min^{-1} *Fortsetzung*

Hauptnutzungszeit Schleifen

Benennung/Abbildung	Formel/Formelumstellung	Formelzeichen	Einheiten
Fortsetzung **Hauptnutzungszeit beim Flachschleifen, Umfangs-Planschleifen** mit Ansatz	$L = l + l_a + l_u$ $t_h = \dfrac{i}{n} \cdot \left(\dfrac{B}{f} + 1\right)$ $B = b - \dfrac{2}{3} \cdot b_s$ * (mit Ansatz) $n = \dfrac{v_f}{L}$ $v_f = n \cdot L;\ L = \dfrac{v_f}{n}$ $v_f = \dfrac{L}{t}$ $L = v_f \cdot t;\ t = \dfrac{L}{v_f}$ $i = \dfrac{t_z}{a} + 8$ ** $v_c = \dfrac{d \cdot \pi \cdot n_s}{1000 \cdot 60}$ (zugeschnittene Größengleichung) $n_s = \dfrac{v_c \cdot 1000 \cdot 60}{d \cdot \pi}$ * Der Anlaufweg ist mit 2/3 von b_s schon negativ im Eingriff. ** 8 Schnitte zum Ausfeuern	L Vorschubweg l_a Anlauf l Werkstücklänge l_u Überlauf B Schleifbreite b Werkstückbreite b_s Schleifscheibenbreite t_h Hauptnutzungszeit i Anzahl der Schnitte f Quervorschub je Hub v_f Vorschubgeschwindigkeit b_u Überlaufbreite n Hubzahl je Minute t_z Schleifzugabe a Spanungstiefe, Zustellung, Schnitttiefe t Zeit je Hub v_c Schnittgeschwindigkeit der Schleifscheibe d Durchmesser der Schleifscheibe n_s Umdrehungsfrequenz (Drehzahl) der Schleifscheibe	mm mm mm mm mm mm mm min mm $\dfrac{mm}{min}$ mm min^{-1} mm mm min $\dfrac{m}{s}$ mm min^{-1} *Fortsetzung*

Hauptnutzungszeit Schleifen | 143

Benennung/Abbildung	Formel/Formelumstellung	Formelzeichen	Einheiten
Hauptnutzungszeit beim Längs-Rundschleifen ohne Ansatz mit Ansatz	$L = l - \dfrac{1}{3} \cdot b_s$ * (ohne Ansatz) $L = l - \dfrac{2}{3} \cdot b_s$ (mit Ansatz) $t_h = \dfrac{L \cdot i}{f \cdot n}$ $L = \dfrac{t_h \cdot f \cdot n}{i}$ $\quad i = \dfrac{t_h \cdot f \cdot n}{L}$ $f = \dfrac{L \cdot i}{t_h \cdot n}$ $\quad n = \dfrac{L \cdot i}{t_h \cdot f}$ $v_f = D \cdot \pi \cdot n$ $n = \dfrac{v_f}{D \cdot \pi}$ $D = \dfrac{v_f}{\pi \cdot n}$ $v_c = D_1 \cdot \pi \cdot n_s$ * Der Anlaufweg ist mit 2/3 von b_s schon negativ im Eingriff.	L Schleifweg l_a Anlauf l Werkstücklänge l_u Überlauf b_s Schleifscheibenbreite i Anzahl der Schnitte f Vorschub je Umdrehung n Umdrehungsfrequenz (Drehzahl) des Werkstücks v_f Vorschubgeschwindigkeit des Werkstücks D Ausgangsdurchmesser des Werkstücks d Fertigdurchmesser a Zustellung, Spanungstiefe v_c Schnittgeschwindigkeit der Schleifscheibe D_1 Durchmesser der Schleifscheibe n_s Umdrehungsfrequenz (Drehzahl) der Schleifscheibe	mm mm mm mm mm mm min^{-1} $\dfrac{\text{mm}}{\text{min}}$ mm mm mm $\dfrac{\text{m}}{\text{s}}$ mm min^{-1} *Fortsetzung*

144 Hauptnutzungszeit Schleifen

Benennung/Abbildung	Formel/Formelumstellung		Formelzeichen	Einheiten
Fortsetzung **Hauptnutzungszeit beim Längs-Rundschleifen** ohne Ansatz / mit Ansatz	$i = \dfrac{D-d}{2 \cdot a} + 8\ *$ $v_c = \dfrac{D_1 \cdot \pi \cdot n_s}{1000 \cdot 60}$ $n_s = \dfrac{1000 \cdot 60 \cdot v_c}{D_1 \cdot \pi}$ $D_1 = \dfrac{1000 \cdot 60 \cdot v_c}{\pi \cdot n_s}$ $i = \dfrac{d-D}{2 \cdot a} + 8\ *$	für Außenrundschleifen (zugeschnittene Größengleichung) für Innenrundschleifen	L Schleifweg l_a Anlauf l Werkstücklänge l_u Überlauf b_s Schleifscheibenbreite i Anzahl der Schnitte f Vorschub je Umdrehung n Umdrehungsfrequenz (Drehzahl) des Werkstücks v_f Vorschubgeschwindigkeit des Werkstücks D Ausgangsdurchmesser des Werkstücks d Fertigdurchmesser a Zustellung v_c Schnittgeschwindigkeit der Schleifscheibe D_1 Durchmesser der Schleifscheibe n_s Umdrehungsfrequenz (Drehzahl) der Schleifscheibe	mm mm mm mm mm mm min^{-1} $\dfrac{\text{mm}}{\text{min}}$ mm mm mm $\dfrac{\text{m}}{\text{s}}$ mm min^{-1}
	* 8 Schnitte zum Ausfeuern			

Direktes Teilen mit dem Teilkopf | 145

Benennung/Abbildung	Formel/Formelumstellung	Formelzeichen	Einheiten
Direktes Teilen Teilkopfspindel, Teilscheibe, Werkstück	$n_\text{l} = \dfrac{n_L}{T}$ $n_L = n_\text{l} \cdot T$ $T = \dfrac{n_L}{n_\text{l}}$ $n_\text{l} = \dfrac{n_L \cdot \alpha}{360°}$ $n_L = \dfrac{360° \cdot n_\text{l}}{\alpha}$ $\alpha = \dfrac{360° \cdot n_\text{l}}{n_L}$	n_l Anzahl der Löcher je Teilschritt n_L Anzahl der Löcher der Teilscheibe T Teilung des Werkstücks α Winkelteilung des Werkstücks	in ° (Grad)

146 | Indirektes Teilen mit dem Teilkopf

Benennung/Abbildung	Formel/Formelumstellung	Formelzeichen	Einheiten
Indirektes Teilen (Teilkopfspindel mit Werkstück, Schneckenrad, Lochscheibe, Schere, Schnecke, Teilkurbel)	$n_k = \dfrac{i}{T}$ $i = n_k \cdot T \qquad T = \dfrac{i}{n_k}$ $n_k = \dfrac{i \cdot \alpha}{360°}$ $i = \dfrac{n_k \cdot 360°}{\alpha} \qquad \alpha = \dfrac{n_k \cdot 360°}{i}$ $n_k = \dfrac{i \cdot l_B}{\pi \cdot d}$ $i = \dfrac{n_k \cdot d \cdot \pi}{l_B} \qquad l_B = \dfrac{n_k \cdot d \cdot \pi}{i}$ $d = \dfrac{i \cdot l_B}{\pi \cdot n_k}$ Lochkreise der Teilscheiben 15 16 17 18 19 20 21 23 27 29 31 33 37 39 41 43 47 49 oder 17 19 23 24 26 27 28 29 30 31 33 37 39 41 42 43 47 49 51 53 57 59 61 63	n_k Anzahl der Teilkurbelumdrehungen für einen Teilschritt i Übersetzungsverhältnis des Teilkopfs T Teilung des Werkstücks α Winkelteilung des Werkstücks l_B Bogenteilung des Werkstücks d Durchmesser des Teilkreises des Werkstücks	 in ° (Grad) mm mm

Differenzialteilen mit dem Teilkopf | 147

Benennung/Abbildung	Formel/Formelumstellung	Formelzeichen	Einheiten
Differenzialteilen, Ausgleichsteilen Werkstück, Schneckenrad, Lochscheibe, Schnecke, z_1, z_2, z_3, z_4, Teilkurbel, Wechselräder	$n_k = \dfrac{i}{T'}$ $i = n_k \cdot T'$ $T' = \dfrac{i}{n_k}$ $\dfrac{z_t}{z_g} = \dfrac{i}{T'}(T' - T)$ $\dfrac{z_t}{z_g} = \dfrac{z_1}{z_2} \cdot \dfrac{z_3}{z_4}$ $T = T' - \left(\pm \dfrac{z_t}{z_g} \cdot \dfrac{T'}{i} \right)$ Zähnezahlen der Wechselräder 24 26 28 32 36 40 44 48 56 64 72 80 84 86 96 100	n_k Anzahl der Kurbelumdrehungen für einen Teilschritt i Übersetzungsverhältnis des Teilkopfs T' Hilfsteilzahl z_t Zähnezahl der treibenden Räder z_1 und z_3 z_g Zähnezahl der getriebenen Räder z_2 und z_4 T Teilung am Werkstück	

Wendelnutenfräsen mit dem Teilkopf

Benennung/Abbildung	Formel/Formelumstellung	Formelzeichen		Einheiten
Wendelnutenfräsen	$\tan \alpha = \dfrac{P}{d \cdot \pi}$	α	Steigungswinkel der Wendelnut	in ° (Grad)
		P	Steigung der Wendel	mm
	$P = d \cdot \pi \cdot \tan \alpha$	d	Durchmesser des Werkstücks	mm
	$d = \dfrac{P}{\pi \cdot \tan \alpha}$			
	$\cot \beta = \dfrac{P}{d \cdot \pi}$ $\quad \beta = 90° - \alpha$	β	Einstellung des Frästischs	in ° (Grad)
		z_t	Zähnezahl der treibenden Räder z_1 und z_3	
	$P = d \cdot \pi \cdot \cot \beta$			
	$d = \dfrac{P}{\pi \cdot \cot \beta}$	z_g	Zähnezahl der getriebenen Räder z_2 und z_4	
	$\dfrac{z_t}{z_g} = \dfrac{P_T \cdot i_1 \cdot i}{P}$	P_T	Steigung der Tischspindel	mm
		i_1	Übersetzungsverhältnis Kegelräder	
		i	Übersetzungsverhältnis Schneckentrieb	
				Fortsetzung

Wendelnutenfräsen mit dem Teilkopf | 149

Benennung/Abbildung	Formel/Formelumstellung	Formelzeichen		Einheiten
Fortsetzung **Wendelnutenfräsen**	$$\frac{z_t}{z_g} = \frac{P_T \cdot i_1 \cdot i}{P}$$ $$P_T = \frac{z_t \cdot P}{z_g \cdot i_1 \cdot i}$$ $$P = \frac{z_g \cdot P_T \cdot i_1 \cdot i}{z_t}$$ $$i_1 = \frac{z_t \cdot P}{z_g \cdot P_T \cdot i}$$ $$i = \frac{z_t \cdot P}{z_g \cdot P_T \cdot i_1}$$	α	Steigungswinkel der Wendelnut	in ° (Grad)
		P	Steigung der Wendel	mm
		d	Durchmesser des Werkstücks	mm
		β	Einstellung des Frästischs	in ° (Grad)
		z_t	Zähnezahl der treibenden Räder z_1 und z_3	
		z_g	Zähnezahl der getriebenen Räder z_2 und z_4	
		P_T	Steigung der Tischspindel	mm
		i_1	Übersetzungsverhältnis Kegelräder	
		i	Übersetzungsverhältnis Schneckentrieb	

Tiefziehen

Berechnung der Zuschnittdurchmesser D der Ronde

Niederhalter, Ziehstempel, D, d_1, Ziehring

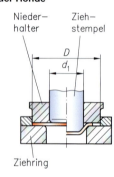

$D = \sqrt{d^2 + 4 \cdot d \cdot h}$	$D = \sqrt{d_2^2 + 4 \cdot d_1 \cdot h}$	$D = \sqrt{d_2^2 + 4 \cdot (d_1 \cdot h_1 + d_2 \cdot h_2)}$
$D = \sqrt{d_3^2 + 4 \cdot (d_1 \cdot h_1 + d_2 \cdot h_2)}$	$D = \sqrt{d_1^2 + 4 \cdot d_2 \cdot l + (d_4^2 - d_3^2)}$	$D = \sqrt{d_1^2 + 4 \cdot d_2 \cdot l + 4 \cdot d_3 \cdot h}$
$D = \sqrt{2 \cdot d} = 1{,}414 \cdot d$	$D = \sqrt{d_1^2 + d_2^2}$	$D = \sqrt{d^2 + 4 \cdot h^2}$
$D = \sqrt{d_2^2 + 4 \cdot h^2}$	$D = \sqrt{d_1^2 + 4 \cdot h_1^2 + 4 \cdot d_1 \cdot h_1}$	$D = \sqrt{d_1^2 + 4 \cdot h_1^2 + 4 \cdot d_1 \cdot h_2 + (d_2^2 - d_1^2)}$

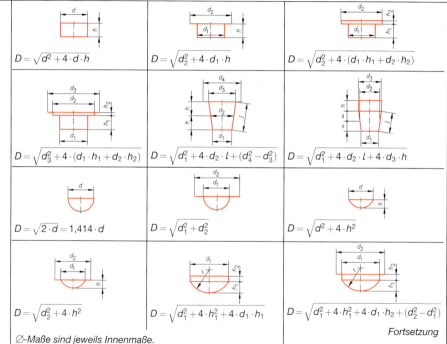

Ø-Maße sind jeweils Innenmaße.

Fortsetzung

Tiefziehen | 151

Benennung/Abbildung	Formel/Formelumstellung	Formelzeichen		Einheiten
Ziehstufen und Ziehverhältnis 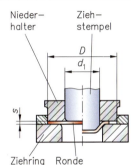	1. Zug: $\beta_1 = \dfrac{D}{d_1}$ $D = \beta_1 \cdot d_1;\ d_1 = \dfrac{D}{\beta_1}$ 2. Zug: $\beta_2 = \dfrac{d_1}{d_2}$ $d_1 = \beta_2 \cdot d_2;\ d_2 = \dfrac{d_1}{\beta_2}$ 3. Zug: $\beta_3 = \dfrac{d_2}{d_3}$ $d_2 = \beta_3 \cdot d_3;\ d_3 = \dfrac{d_2}{\beta_3}$ $\beta_{ges} = \beta_1 \cdot \beta_2 \cdot \beta_3 \ldots$	D Zuschnittdurchmesser d_1 Stempeldurchmesser 1. Zug d_2 Stempeldurchmesser 2. Zug d_3 Stempeldurchmesser 3. Zug β_1 Ziehverhältnis für 1. Zug β_2 Ziehverhältnis für 2. Zug β_3 Ziehverhältnis für 3. Zug β_{ges} Gesamtziehverhältnis s Blechdicke		mm mm mm mm mm

Werkstoff	Erreichbares Ziehverhältnis*			Werkstoff	Erreichbares Ziehverhältnis*		
	β_1	β_2 ohne Zwischenglühen	β_2 mit Zwischenglühen		β_1	β_2 ohne Zwischenglühen	β_2 mit Zwischenglühen
DC 01 (St12)	1,8	1,2	1,6	EN AW – Al99,5 H111	2,1	1,6	2,0
DC 03 (St13)	1,9	1,25	1,65	EN AW – Al99,8 H111	1,95	1,4	1,8
DC 04 (St14)	2,0	1,3	1,7	EN AW – AlMg1 T4	1,85	1,3	1,75
S185 (St33)	1,9	1,3	1,7	X15CrNiSi2520	2,0	1,2	1,8
CuZn 30–R270	2,1	1,3	1,9	EN AW – AlMn1 H112	1,85	1,3	1,75
CuZn 37–R300	2,1	1,4	2,0	EN AW – AlSi1MgMn T6	2,05	1,4	1,85
CuZn 37–R410	1,9	1,2	1,7	EN AW – AlCu4Mg1 T3	2,0	1,5	1,8

* Die Werte für β gelten bis $d_1 : s = 300$; sie wurden für $d_1 = 100$ mm und $s = 1$ mm ermittelt. Für andere Blechdicken und Stempeldurchmesser ändern sich die Werte geringfügig.

Tiefziehen

Benennung/Abbildung	Formel/Formelumstellung	Formelzeichen	Einheiten
Kräfte beim Tiefziehen: Bodenreiß-, Tiefzieh- und Niederhalterkraft	$F_B = \pi \cdot (d_1 + s) \cdot s \cdot R_m$ $F_z = \pi \cdot (d_1 + s) \cdot s \cdot R_m \cdot 1{,}2 \cdot \dfrac{\beta - 1}{\beta_{max} - 1}$ $d_N = 2 \cdot (R_r + w) + d_1$ $R_r = \dfrac{d_N - d_1}{2} - w; \quad w = \dfrac{d_N - d_1}{2} - R_r$ $F_N = \dfrac{\pi}{4}(D^2 - d_N^2) \cdot p$ $D = \sqrt{\dfrac{4 \cdot F_N}{\pi \cdot p} + d_N^2}$ $d_N = \sqrt{D^2 - \dfrac{4 \cdot F_N}{\pi \cdot p}}$ $p = \dfrac{4}{\pi} \cdot \dfrac{F_N}{(D^2 - d_N^2)}$	F_B Bodenreißkraft F_z Tiefziehkraft F_N Niederhalterkraft d_1 Stempeldurchmesser s Blechdicke R_m Zugfestigkeit β Ziehverhältnis β_{max} höchstmögliches Ziehverhältnis D Zuschnittdurchmesser, Rondendurchmesser d_N Auflagedurchmesser des Niederhalters R_r Radius des Ziehrings w Ziehspalt p Niederhalterdruck	N N N mm mm $\dfrac{N}{mm^2}$ mm mm mm mm $\dfrac{N}{mm^2}$

Werte für Niederhalterdruck p in $\dfrac{N}{mm^2}$	
Al-Legierungen	1,2 … 1,5
Cu-Legierungen	2,0 … 2,4
Stahl	2,5

Tiefziehen | 153

Benennung/Abbildung	Formel/Formelumstellung	Formelzeichen	Einheiten
Maße am Tiefziehwerkzeug: Ziehspalt, Radien am Ziehring und -stempel $$w = \frac{d_r - d}{2} \quad R_r < R_{st}$$	$R_r = 0{,}035 \cdot [50 + (D-d)] \cdot \sqrt{s}$ $D = \dfrac{R_r}{0{,}035 \cdot \sqrt{s}} - 50 + d$ $d = D + 50 - \dfrac{R_r}{0{,}035 \cdot \sqrt{s}}$ $s = \left\{ \dfrac{R_r}{0{,}035 \cdot [50 + (D-d)]} \right\}^2$ $w = s + k \cdot \sqrt{10 \cdot s}$ $R_{st} = (4 \ldots 5) \cdot s$	R_r Radius am Ziehring D Zuschnittdurchmesser, Rondendurchmesser d Ziehstempeldurchmesser s Blechdicke w Ziehspalt k Werkstofffaktor R_{st} Radius am Ziehstempel d_r Ziehringdurchmesser	mm mm mm mm mm mm mm

Werte für Werkstofffaktor k	
Stahl	0,07
Sonstige NE-Metalle	0,04
Al	0,02

Erodieren, Funkenerosion

Benennung/Abbildung	Formel/Formelumstellung	Formelzeichen		Einheiten
Hauptnutzungszeit beim Abtragen **Funkenerosives Schneiden** *Drahtelektrode* **Funkenerosives Senken** *Elektrode* *Werkstück*	$L = l_1 + l_2 + l_3 + \ldots$ $t_h = \dfrac{L}{v_f} \qquad L = t_h \cdot v_f \qquad v_f = \dfrac{L}{t_h}$ $t_h = \dfrac{V}{v_f \cdot S} \qquad V = t_h \cdot v_f \cdot S \qquad v_f = \dfrac{V}{t_h \cdot S}$ $t_h = \dfrac{V}{V_W} \qquad V = t_h \cdot V_W \qquad V_W = \dfrac{V}{t_h}$ $V_W = S \cdot v_f \qquad S = \dfrac{V_W}{v_f} \qquad v_f = \dfrac{V_W}{S}$ $V = S \cdot L \qquad S = \dfrac{V}{L} \qquad L = \dfrac{V}{S}$	t_h L l_1, l_2, l_3 v_f S V V_W	Hauptnutzungszeit Schnittlänge, Vorschubweg verschiedene Einzelschnittlängen Vorschub- geschwindigkeit Querschnitt des abzutragenden Volumens abzutragendes Volumen spezifisches Abtragsvolumen (Abtragrate)	min mm mm $\dfrac{mm}{min}$ mm² mm³ $\dfrac{mm^3}{min}$

Trennen durch Scherschneiden, Ausnutzungsgrad | 155

Benennung/Abbildung	Formel/Formelumstellung		Formelzeichen		Einheiten
Streifenausnutzung	$V = l + e$		V	Streifenvorschub	mm
	$B = a_1 + b + a_2$		l	Werkstücklänge	mm
			e	Stegbreite	mm
	$\eta = \dfrac{R \cdot A}{V \cdot B}$	$R = \dfrac{\eta \cdot V \cdot B}{A}$	B	Streifenbreite	mm
			a_1, a_2	Randbreite	mm
	$A = \dfrac{\eta \cdot V \cdot B}{R}$	$V = \dfrac{R \cdot A}{\eta \cdot B}$	b	Werkstückbreite	mm
			η	Ausnutzungsgrad	
	$B = \dfrac{R \cdot A}{V \cdot \eta}$		R	Anzahl der Reihen	
			A	Fläche eines Werkstücks, einschließlich Lochungen	mm²

156 | Elektrotechnik, Ohm'sches Gesetz, Leiterwiderstand

Benennung/Abbildung	Formel/Formelumstellung	Formelzeichen		Einheiten
Ohm'sches Gesetz	$I = \dfrac{U}{R}$ $U = R \cdot I$ $R = \dfrac{U}{I}$	I U R	Strom Spannung Widerstand	A V Ω $1\,\Omega = \dfrac{1\,\text{V}}{1\,\text{A}}$
Leiterwiderstand	$R = \dfrac{\varrho \cdot l}{A}$ $\varrho = \dfrac{A \cdot R}{l} \qquad l = \dfrac{A \cdot R}{\varrho}$ $A = \dfrac{\varrho \cdot l}{R}$	R ϱ l A	Widerstand spezifischer elektrischer Widerstand Leiterlänge Leitungsquerschnitt	Ω $\dfrac{\Omega \cdot \text{mm}^2}{\text{m}}$ m mm^2

Elektrotechnik, Reihenschaltung | 157

Benennung/Abbildung	Formel/Formelumstellung	Formelzeichen	Einheiten
Reihenschaltung von Widerständen	$R = R_1 + R_2 + \ldots$ $U = U_1 + U_2 + \ldots$ $I = I_1 = I_2 = \ldots$ $U_1 = R_1 \cdot I \qquad U_2 = R_2 \cdot I$ $\dfrac{U_1}{R_1} = \dfrac{U_2}{R_2} \qquad \dfrac{U_1}{U_2} = \dfrac{R_1}{R_2}$ $U_1 = \dfrac{U_2 \cdot R_1}{R_2} \qquad U_2 = \dfrac{U_1 \cdot R_2}{R_1}$ $R_1 = \dfrac{U_1 \cdot R_2}{U_2} \qquad R_2 = \dfrac{R_1 \cdot U_2}{U_1}$	R Gesamtwiderstand R_1, R_2 Einzelwiderstände U Gesamtspannung U_1, U_2 Teilspannungen I Gesamtstrom I_1, I_2 Teilströme	Ω Ω V V A A

Elektrotechnik, Parallelschaltung

Benennung/Abbildung	Formel/Formelumstellung	Formelzeichen	Einheiten
Parallelschaltung von Widerständen	$\dfrac{1}{R} = \dfrac{1}{R_1} + \dfrac{1}{R_2} + \ldots$ $R = \dfrac{R_1 \cdot R_2}{R_1 + R_2}$ (gilt nur bei zwei Widerständen) $U = U_1 = U_2 = \ldots$ $I = I_1 + I_2 + \ldots$ $R_1 = \dfrac{U}{I_1}$ $R_2 = \dfrac{U}{I_2}$ $R = \dfrac{U}{I}$ $U = R \cdot I$ $I = \dfrac{U}{R}$	R Gesamtwiderstand R_1, R_2 Einzelwiderstände U Gesamtspannung U_1, U_2 Teilspannungen I Gesamtstrom I_1, I_2 Teilströme	Ω Ω V V A A

Elektrotechnik, Drehstrom

Benennung/Abbildung	Formel/Formelumstellung	Formelzeichen	Einheiten
Drehstrom (Dreiphasen-Wechselstrom) 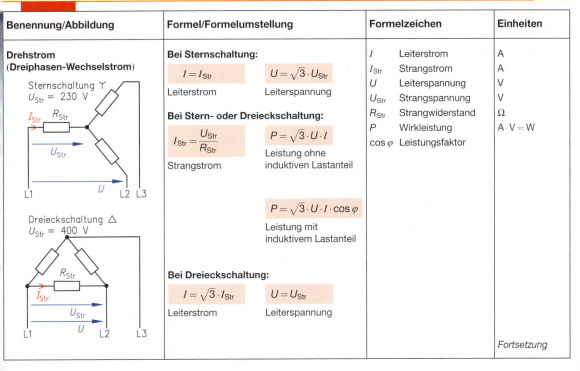	**Bei Sternschaltung:** $I = I_{Str}$ Leiterstrom $U = \sqrt{3} \cdot U_{Str}$ Leiterspannung **Bei Stern- oder Dreieckschaltung:** $I_{Str} = \dfrac{U_{Str}}{R_{Str}}$ Strangstrom $P = \sqrt{3} \cdot U \cdot I$ Leistung ohne induktiven Lastanteil $P = \sqrt{3} \cdot U \cdot I \cdot \cos\varphi$ Leistung mit induktivem Lastanteil **Bei Dreieckschaltung:** $I = \sqrt{3} \cdot I_{Str}$ Leiterstrom $U = U_{Str}$ Leiterspannung	I Leiterstrom I_{Str} Strangstrom U Leiterspannung U_{Str} Strangspannung R_{Str} Strangwiderstand P Wirkleistung $\cos\varphi$ Leistungsfaktor	A A V V Ω $A \cdot V = W$

Fortsetzung

Elektrotechnik, Drehstrom

Benennung/Abbildung	Formel/Formelumstellung	Formelzeichen	Einheiten
Fortsetzung **Drehstrom (Dreiphasen-Wechselstrom)** Sternschaltung Y $U_{Str} = 230$ V (Schaltbild mit I_{Str}, R_{Str}, U_{Str}, U, L1, L2, L3) Dreieckschaltung △ $U_{Str} = 400$ V (Schaltbild mit R_{Str}, I_{Str}, U_{Str}, U, L1, L2, L3)	**Wirkleistung bei induktivem Lastanteil:** $P = \sqrt{3} \cdot I \cdot U \cdot \cos\varphi$ $I = \dfrac{P}{\sqrt{3} \cdot U \cdot \cos\varphi}$ $U = \dfrac{P}{\sqrt{3} \cdot I \cdot \cos\varphi}$ **Wirkleistung bei induktionsfreiem Strang:** $P = \sqrt{3} \cdot I \cdot U$ $I = \dfrac{P}{\sqrt{3} \cdot U}$ $U = \dfrac{P}{\sqrt{3} \cdot I}$	I Leiterstrom U Leiterspannung P Wirkleistung $\cos\varphi$ Leistungsfaktor I_{Str} Strangstrom R_{Str} Strangwiderstand U_{Str} Strangspannung	A V $A \cdot V = W$ A Ω V

Elektrotechnik, Transformator

Benennung/Abbildung	Formel/Formelumstellung	Formelzeichen	Einheiten
Transformator Primärspule (Eingangsseite) $I_2 \uparrow$ N_2 U_2 N_1 $I_1 \uparrow$ U_1 Sekundärspule (Ausgangsseite)	$\dfrac{I_1}{I_2} = \dfrac{N_2}{N_1}$ $I_1 = \dfrac{N_2 \cdot I_2}{N_1}$ $I_2 = \dfrac{I_1 \cdot N_1}{N_2}$ $N_1 = \dfrac{N_2 \cdot I_2}{I_1}$ $N_2 = \dfrac{N_1 \cdot I_1}{I_2}$	I_1 Stromstärke U_1 Spannung N_1 Windungszahl	A V
	$\dfrac{U_1}{U_2} = \dfrac{N_1}{N_2}$ $U_1 = \dfrac{N_1 \cdot U_2}{N_2}$ $U_2 = \dfrac{U_1 \cdot N_2}{N_1}$ $N_1 = \dfrac{U_1 \cdot N_2}{U_2}$ $N_2 = \dfrac{N_1 \cdot U_2}{U_1}$	I_2 Stromstärke U_2 Spannung N_2 Windungszahl	A V

Elektrotechnik, elektrische Arbeit

Benennung/Abbildung	Formel/Formelumstellung	Formelzeichen	Einheiten
Elektrische Leistung für Gleichstrom und Wechselstrom	**Für Gleichstrom und für Wechselstrom ohne Induktions-Lastanteil:** $$P = U \cdot I \qquad U = \frac{P}{I} \qquad I = \frac{P}{U}$$ $$P = \frac{U^2}{R}$$ $$U = \sqrt{P \cdot R} \qquad R = \frac{U^2}{P}$$ $$P = I^2 \cdot R$$ $$I = \sqrt{\frac{P}{R}} \qquad R = \frac{P}{I^2}$$ **Wechselstrom mit Induktions-Lastanteil:** $$P = U \cdot I \cdot \cos\varphi$$ $$U = \frac{P}{I \cdot \cos\varphi}$$ $$I = \frac{P}{U \cdot \cos\varphi}$$	P elektrische Leistung U Spannung I Stromstärke R Widerstand $\cos\varphi$ Leistungsfaktor	$V \cdot A = W$ V A Ω

Elektrotechnik, elektrische Arbeit

Benennung/Abbildung	Formel/Formelumstellung	Formelzeichen	Einheiten
Elektrische Arbeit	$W = U \cdot I \cdot t$ $U = \dfrac{W}{I \cdot t}$ $I = \dfrac{W}{U \cdot t}$ $t = \dfrac{W}{U \cdot I}$ $W = P \cdot t$ $P = \dfrac{W}{t}$ $t = \dfrac{W}{P}$ $W = I^2 \cdot R \cdot t$ $t = \dfrac{W}{I^2 \cdot R}$ $I = \sqrt{\dfrac{W}{R \cdot t}}$ $R = \dfrac{W}{I^2 \cdot t}$ $W = \dfrac{U^2 \cdot t}{R}$ $R = \dfrac{U^2 \cdot t}{W}$ $U = \sqrt{\dfrac{W \cdot R}{t}}$ $t = \dfrac{W \cdot R}{U^2}$	W Elektrische Arbeit U Spannung I Stromstärke t Zeit P Elektrische Leistung R Widerstand	$V \cdot A \cdot s = Ws$ V A s $V \cdot A = W$ 1 kW = 1000 W 1 kWs = 1000 Ws 1 kWh = 3 600 000 Ws = 3,6 MJ = 3,6 · 10³ kJ 1 J = 1 Ws

Qualitätsmanagement, Qualitätsplanung

Qualitätsmanagement, Qualitätsplanung

Normen der DIN EN ISO 9000-Familie

Mit der **DIN EN ISO 9000 bis 9004** ist ein internationales Regelwerk entstanden, das Leitmaßnahmen zur Qualitätssicherung gibt. Die Normenfamilie **ISO 9000** besteht aus drei Normen. Sie klärt Grundlagen und Begriffe zum Verwirklichen von Qualitätsmanagement-Systemen und gibt Hilfen beim Handel auf nationaler und internationaler Ebene.

Die **ISO 9001** gilt als Modell eines prozessorientierten QM-Systems. Diese Norm gilt für jeden Industrie- oder Wirtschaftssektor unabhängig von dem Produkt. Sie enthält konkrete Anforderungen von der Entwicklung über die Produktion, der Montage bis hin zum Kundenservice. Ziele der ISO 9004: Anzustreben ist das Erhöhen der Kundenzufriedenheit sowie die ständige Verbesserung der Prozesse des Systems. Diese Norm wird benutzt zu Zertifizierungszwecken. (Die Norm **9001** ersetzt die frühere Norm **2002** sowie **2003**.)

Zehner-Regel, Fehlerkosten

Die Verzehnfachungs-Regel zeigt, dass die Folgekosten eines Fehlers im Produktlebenslauf von **Phase 1** bis **Phase 3** etwa um den Faktor 10 steigen.

Ein Fehler in der Entwicklung z. B. in der CAD-Konstruktion verursacht i. d. R. weniger Mehrkosten in der Korrektur als ein Fehler in der Fertigung, der zu Funktionsstörungen am Fertigprodukt führt. Riesige Kosten entstehen bei Phase 3, z. B. bei den Rückrufaktionen von PKW's mit Fehlern.

Die Einflussgrößen auf die Qualität fasst man unter der Bezeichnung „7M" zusammen. Mensch, Maschine, Material, Methode, Mitwelt (Milieu), Management und Messbarkeit.

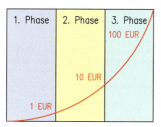

Einflussgrößen auf die Qualität

Die „7M"

Einflussgröße	Beispiel
Mensch	Motivation, Qualifikation, Innovation, Kreativität
Maschine	Fertigungs- und Positioniergenauigkeit, Steifigkeit, schwingungsarm
Methode	Fertigungsverfahren, Prüfbedingungen
Mitwelt (Milieu)	betriebsbedingtes Sozialgefüge, Licht, Luft, Lärm, Schmutz
Management	Führungsstil, Mitarbeitervorschläge, Personalpolitik, Entlohnung
Messbarkeit	Zahlenmäßig erfassbare Merkmale bei der Entstehung des Produktes

Qualitätsmanagement, Qualitätsprüfungsarten

Qualitätsprüfungsarten

Prüfplan und -anweisung	Art und Umfang der Prüfung festlegen, Prüfmerkmal, -mittel, -methode, -zeitpunkt dokumentieren
Vollständige Prüfung	Prüfung z. B. eines Werkstückes bezüglich aller Forderungen und Qualitätserfüllungen
100%-Prüfung	Es werden alle Einheiten bezüglich der gestellten Qualitätsanforderungen geprüft. Da in der Serienfertigung die 100%-Prüfung zu viel Aufwand ist, werden Stichproben gezogen
Stichprobe	Aus der Grundgesamtheit (= Gesamtheit aller Teile „N" z. B. 500 Teile) wird eine Stichprobe (z. B. 50 Teile) entnommen und geprüft
Stichprobenprüfung [1] Statistische Prüfung	Dem Fertigungsprozess werden in gleichen Zeitabständen Stichproben von gleichem Umfang „n" entnommen. (n = kleine Anzahl von z. B. gedrehten Bolzen)
Prüflos (Stichproben-Prüfung.)	Die Gesamtheit der betrachteten Einheiten wie z. B. die Produktion von 7000 gleichen gedrehten Bolzen bzw. Wellen.

[1] Bei der Entnahme einer Stichprobe aus der Grundgesamtheit müssen alle Teile z. B. Bolzen, Wellen in Serie (direkt hintereinander) gefertigt worden sein.

Fehlerwahrscheinlichkeit

Wahrscheinlichkeit eines nicht fehlerfreien Werkstückes innerhalb einer bestimmten Gesamtzahl von Werkstücken

P Wahrscheinlichkeit in %
g Anzahl der fehlerhaften Werkstücke
m Gesamtzahl der Werkstücke

$$P = \frac{g \cdot 100\%}{m}$$

In einem Behälter lagern m = 800 Teile. Es sind g = 15 Teile fehlerhaft. Wie groß ist die Wahrscheinlichkeit P, wenn man in den Behälter greift, ein fehlerhaftes Teil herauszunehmen? $P = \dfrac{15 \cdot 100\%}{800} = \underline{\underline{1{,}88\%}}$

Qualitätsmanagement, statistische Prozessregelung

Statistische Prozessregelung
- Sie hat in der Serienfertigung das Hauptziel, Fehler zu vermeiden.
- Die Produktqualität wird angezeigt und negative Prozesseinflüsse kompensiert.

Zufällige Einflüsse	Ursache (Beispiele)	Wirkung	Maßnahmen
Prüfwerte / Zeit	– Fehler durch unterschiedliche Temperaturen der Werkstücke beim Prüfen	– Häufung der Messwerte symmetrisch um einen bestimmten Wert	Wiederholungsmessung bei Prüftemperatur Parallaxe-Fehler vermeiden
Prüfwerte / Zeit	– Verschleiß am Werkzeug – Fehler in der Messkalibrierung	– Häufung der Messwerte unsymmetrisch bei Wiederholungsmessung	Korrektur am Werkzeug Eichung des Messwerkzeuges

Urliste mit Beispiel und
Messprotokoll:
Stichprobenumfang:
50 Wellen; Prüfmerkmal:
Wellen-Ø $d = 7 \pm 0,05$ mm
Maschine: Drehmaschine

In der **Urliste** werden die Messwerte (x_1, x_2, x_3 usw.) aus der **Stichprobe** in der **Reihenfolge**, in der sie anfallen, eingetragen.

Aus $x_{max} = 7,055$ mm und $x_{min} = 6,950$ mm aus der Tabelle wird die **Spannweite R**, dann die **Anzahl der Klassen k** und die **Klassenweite w** berechnet.

Mess-werte	Anzahl der Stichproben (m)									
	1	2	3	4	5	6	7	8	9	10
x_1	6,970	6,950	6,990	7,010	7,030	6,970	7,030	6,980	6,990	7,000
x_2	6,970	6,990	7,000	7,020	7,010	6,990	7,020	7,010	7,000	7,000
x_3	6,980	7,050	7,055	7,000	7,030	6,990	6,980	6,990	7,010	7,020
x_4	7,030	7,010	7,000	6,970	7,000	7,000	7,010	7,020	7,000	7,010
x_5	7,000	7,030	7,000	6,970	7,000	6,950	7,030	7,000	7,000	6,960

Aus dem **Messprotokoll** wird abgelesen: x_{max} = größter Messwert, x_{min} = kleinster Messwert.
Es werden berechnet: Σx = Summe aller x-Werte, $\bar{x}$ = Arithmetischer Mittelwert, R = Spannweite, $\tilde{x}$ = Medianwert

Mit diesen Messwerten berechnet man $\Sigma x, \bar{x}, R, \tilde{x}, \bar{R}$

Σx	34,950	35,030	35,045	34,970	35,070	34,900	35,070	35,000	35,000	34,990
$\bar{x}$	6,990	7,006	7,009	6,994	7,014	6,980	7,014	7,000	7,000	6,998
R	0,06	0,100	0,065	0,050	0,030	0,050	0,050	0,040	0,020	0,060

Qualitätsmanagement, Strichliste, Histogramm

Strichliste und Histogramm

Klassen		Strichliste und Histogramm	Häufigkeit	
Nr.	Messwerte von > ... bis <		n_j	h_j in %
1	6,950–6,965	II	2	4
2	6,965–6,980	IIIII I	6	12
3	6,980–6,995	IIIII IIII	9	18
4	6,995–7,010	IIIII IIIII IIIII	15	30
5	7,010–7,025	IIIII IIIII	10	20
6	7,025–7,040	IIIII I	6	12
7	7,040–7,055	II	2	4

Strichliste ins Histogramm eingebaut
Berechnungen um das Histogramm zu erstellen

$R = x_{max} - x_{min}$ (dem Messprotokoll entnehmen)

$R = 7,055$ mm $- 6,95$ mm $= 0,105$ mm

$\underline{R = 0,11}$ mm (gerundet)

$k = \sqrt{n}$
$k = \sqrt{50}$
$k = 7,07$
$\underline{k = 7}$ (gewählt)

Nach Berechnung von w können die Messwerte des Messprotokolls den einzelnen Klassen zugeordnet werden.

$k_1 = x_{min}$ bis $x_{min} + w$
$k_2 = x_{min} + w$ bis $x_{min} + 2w$
usw.

$w = \dfrac{R}{k}$
$w = \dfrac{0,11}{7}$
$\underline{w = 0,015}$ mm (gerundet)

Die **Strichliste** gibt eine übersichtliche Darstellung der Messwerte und eine Einteilung in:
Anzahl der **Klassen, Klassenweite, Häufigkeit**

$$k = \sqrt{n} \qquad h_j = \dfrac{n_j \cdot 100\,\%}{n}$$

$$w = \dfrac{R}{k} \qquad R = x_{max} - x_{min}$$

- n Anzahl der Einzelwerte
- k Anzahl Klassen
- w Klassenweite
- n_j absolute Häufigkeit
- h_j relative Häufigkeit in %
- R Spannweite
- x_{max} größter Messwert
- x_{min} kleinster Messwert

Das Histogramm zeigt die Häufigkeitsverteilung der Messdaten in Klassen eingeteilt.
Die Darstellung erfolgt als Balkendiagramm.

Erkenntnis:
Anhand der Strichliste und der Länge der Säulen im Balkendiagramm erkennt man, dass der Fertigungsprozess etwa normalverteilt und auch zentriert ist.

Verteilungskurve

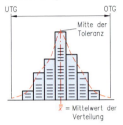

Bewertung der Verteilungskurve bzgl. der Messergebnisse:
- diese ist optimal, wenn die Form der Kurve eine **Gauß'sche Glocke** hat
- die Mitte der **Glockenkurve** mittig im Toleranzfeld platziert ist
- **Größt-** und **Kleinstwert** von Ø 7 ± 0,05 mm genügend Abstand zu den Toleranzgrenzen (**OTG** und **UTG**) nach rechts und links haben.

Qualitätsmanagement, Statistische Auswertung

Kennwerte Normalverteilung von Stichproben

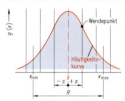

Der **Mittelwert** $\bar{x}$ liegt auf der Mitte der Kurve und ist ein Maß für die Lage der Verteilung.

Die **Standardabweichung** s und die **Spannweite** R sind ein Maß für die **Streuung**, die Breite der Kurve. Die Differenz zwischen dem **größten** und dem **kleinsten Wert** einer Stichprobe ist die **Spannweite** R.

$$R = x_{max} - x_{min}$$

Die Häufigkeitskurve wird aus $\bar{x}$ und s ermittelt; sind die Merkmalswerte normal verteilt, entsteht bei der Häufigkeitsverteilung eine **Gauß'sche[2] Glockenkurve**. Die Fläche unter der **Gauß'schen** Kurve ist das Maß für die Gesamtheit aller Teile eines Prüfloses.

Prozentsätze für Teilmengen:
Die Teilmengen entstehen durch Bereiche der Standardabweichungen s sowie dem $\bar{x}$, dem **Arithmetischen Mittelwert** (siehe Diagramm).

Wird nicht auf eine Stichprove Bezug genommen, sondern auf die **Grundgesamtheit**, so wird der Wert $\bar{x}$ mit μ und der Wert s mit σ bezeichnet. vgl. S. 170

Normalverteilung in Stichproben

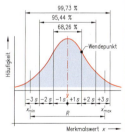

Zwischen:
$\bar{x} + 1s$ und $\bar{x} - 1s$ liegen $\rightarrow$ 68,26 %
$\bar{x} + 2s$ und $\bar{x} - 2s$ liegen $\rightarrow$ 95,44 %
$\bar{x} + 3s$ und $\bar{x} - 3s$ liegen $\rightarrow$ 99,73 %

[1] Medianwert bei ungerader Anzahl der
  Einzelwerte: z. B. x_1, x_2, x_3, x_4, x_5
  $$\tilde{x} = x_3$$
gerade Anzahl der
  Einzelwerte: z. B. $x_1, x_2, x_3, x_4, x_5, x_6$
  $$\tilde{x} = (x_3, x_4) : 2$$
[2] Gauß, deutscher Mathematiker und Astronom 1777–1855

Statistische Auswertung von Messungen

$$k \approx \sqrt{n} \qquad w \approx \frac{R}{K}$$

$$h_i = \frac{n_i}{n} \cdot 100\%$$

$$R = x_{max} - x_{min}$$

$$\bar{x} = \frac{x_1 + x_2 + \ldots + x_n}{n}$$

$$s = \sqrt{\frac{\Sigma(x_i - \bar{x})^2}{n-1}}$$

$$s^2 = \frac{\Sigma(x_i - \bar{x})^2}{n-1}$$

Standardabweichung näherungsweise

$$s = 0{,}4 \cdot \bar{R}$$

$$\bar{R} = \frac{R_1 + R_2 + \ldots + R_m}{m}$$

$$\bar{\bar{x}} = \frac{\bar{x}_1 + \bar{x}_2 + \ldots + \bar{x}_m}{m}$$

$$\bar{s} = \frac{s_1 + s_2 + \ldots + s_m}{m}$$

Kennwerte zur Auswertung der Strichliste
n Anzahl der Einzelwerte
k Anzahl der Klassen
w Klassenweite
R Spannweite
n_i absolute Häufigkeit
h_i relative Häufigkeit vgl. S. 168

Kennwerte der Stichprobe
n Anzahl der Einzelwerte (Stichprobenumfang)
x_i Wert des messbaren Merkmals, z. B. Einzelwert
x_{max} größter Messwert
x_{min} kleinster Messwert
$\bar{x}$ Arithmetischer Mittelwert
$\tilde{x}$ Medianwert (Zentralwert)[1], mittlerer Wert der nach Größe geordneten Messwerte
s, σ Standardabweichung
R Spannweite
$g_{(x)}$ Wahrscheinlichkeitsdichte

Kennwerte bei Auswertung mehrerer Stichproben
m Anzahl der Stichproben
$\bar{R}$ mittlere Spannweite
$\bar{\bar{x}}$ Gesamtmittelwert
$\bar{s}$ Mittelwert der Standardabweichungen

Kennwerte der Grundgesamtheit
$\hat{\mu}$ geschätzter Prozessmittelwert
$\hat{\sigma}$ geschätzte Prozessstandardabweichung

Fortsetzung S. 170

Qualitätsmanagement, Maschinen- und Prozessfähigkeitsindizes

Maschinenfähigkeits- und Prozessfähigkeitsindizes

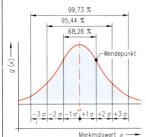

Ermitteln der kritischen Fähigkeitsindizes

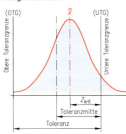

Die **Maschinenfähigkeit** ist ein Maß für die kurzzeitige Fertigungssteuerung, die größtenteils von der Maschine ausgeht. Aus dem nebenstehenden Bild ist zu entnehmen: $2 \cdot \sigma \triangleq 68,25\%$, $2 \cdot 3\sigma \triangleq 95,44\%$ der **Messwerte**. Mithilfe der Tabelle[1] ist $\hat{\sigma}$ (sprich Sigma Dach) zu berechnen.

$$\hat{\sigma} = \frac{\overline{R}}{d_2}$$

$\hat{\sigma}$ geschätzte Standardabweichung
$\overline{R}$ mittlere Spannweite
d_2 Faktor (s. Tabelle)[1]

Stichprobenumfang	Faktor d_2
2	1,128
3	1,693
4	2,059
5	2,326
6	2,543
7	2,704

Die Standardabweichung s ist schwer zu berechnen. Deshalb wird $\hat{\sigma}$ gerechnet.

$$\hat{\sigma} = \frac{\overline{R}}{d_2}$$

Nachweise:
Maschinenfähigkeitsindex

$$c_m = \frac{T}{6 \cdot \hat{\sigma}} \geq 1,33 \qquad c_{mk} = \frac{Z_{krit}}{3 \cdot \hat{\sigma}} \geq 1,0$$

Prozessfähigkeitsindex

$$c_p = \frac{T}{6 \cdot \hat{\sigma}} \geq 1,33 \qquad c_{pk} = \frac{Z_{krit}}{3 \cdot \hat{\sigma}} \geq 1,0$$

$$Z_{krit} = OTG - \overline{\overline{x}} \qquad Z_{krit} = \overline{\overline{x}} - UTG$$

Der kritische Wert wird immer aus dem kleineren der beiden Werte gebildet.

Qualitätssicherung in der Produktion durch Statistische Prozessregelung

MFU = Maschinenfähigkeitsuntersuchung

MFU = Bewertung einer Maschine, ob diese im Rahmen der vorgegebenen Grenzwerte fertigen kann. Die Fähigkeitskennzahl wird mittels Formel berechnet. Ist der Fähigkeitsindex $c_m \geq 1,33$ und $c_{mk} \geq 1,0$ bedeutet dies 99,994 % aller Merkmalswerte liegen innerhalb der Grenzwerte. Die Maschinenfähigkeit ist nachgewiesen.

PFU = Prozessfähigkeitsuntersuchung

PFU = Bemerkungen des Fertigungsprozesses (Langzeitfähigkeit) ob dieser im Rahmen der normalen Schwankungen die festgelegten Grenzwerte erzielt. Die Prozessfähigkeitszahl auch -index genannt, wird mittels Formel berechnet. Ergibt der Prozessfähigkeitsindex $c_p \geq 1,33$ und der $c_{pk} \geq 1,0$ ist die Prozessfähigkeit nachgewiesen.

c_m	Maschinenfähigkeitsindex
T	Toleranz
$\hat{\sigma}$	geschätzte Standardabweichung
c_{mk}	kritischer Maschinenfähigkeitsindex
c_p	Prozessfähigkeitsindex
c_{pk}	kritischer Prozessfähigkeitsindex
Z_{krit}	kleinster Abstand zwischen Gesamtmittelwert $\overline{\overline{x}}$ und Toleranzgrenze
$\hat{\mu}$	geschätzter Mittelwert
OTG	obere Toleranzgrenze
UTG	untere Toleranzgrenze
$\overline{\overline{x}}$	Gesamtmittelwert

[1] Der Faktor d_2 ist abhängig vom Stichprobenumfang n tabelliert und mit der Wahrscheinlichkeitsrechnung abgesichert.

Statistische Prozessregelung, Qualitätsregelkarten

Lage und Streuung von Prozessen

Mit einer fähigen Maschine und einem fähigen Prozess erzeugt man Qualitätsprodukte. Dies wird erzielt, wenn die Fertigungsstreuung ausreichend klein im Verhältnis zur Toleranz **T** ist. Der Fertigungsprozess ist:

auf **Mitte** der **Toleranz T**, ist **zentriert**.
c_p und c_{pk} = 1,33

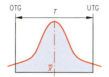

hat eine breite **Streuung**, ist **nicht fähig**, Streuung verkleinern.
c_p und c_{pk} < 1,0

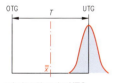

arbeitet über der **UTG**, muss **zentriert** werden.
c_p = 1,33 c_{pk} = 0

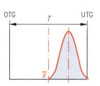

Ist zu nahe an **UTG**, muss **zentriert** werden.
c_p = 1,33 c_{pk} = 1,0

OTG = obere Toleranzgrenze, UTG = untere Toleranzgrenze

Arten von Qualitätsregelkarten (QRK)

Der Umfang der Stichproben und die Berechnung der verschiedenen Kennwerte ergeben die unterschiedlichen Namen und die Verwendung der **Qualitätsregelkarten** (**QRK**).

Typische Kennwerte für QRK's, die zu berechnen sind:

$\bar{x}$ Mittelwert[1]
R   Spannweite[1]
$\tilde{x}$ Medianwert (Zentralwert)[1]
s   Standardabweichung[1]

[1] Berechnung vgl. S. 169, 170

aus $\bar{x}$ Mittelwert → die Mittelwertkarte ($\bar{x}$-Regelkarte)
aus **R** Spannweite → die Spannweitenkarte (**R**-Regelkarte)
aus $\tilde{x}$ Medianwert → die Medianwertkarte ($\tilde{x}$-Regelkarte)
aus **s** Standardabweichung → die Standardabweichungskarte (**s**-Regelkarte)

Die Art der Regelkarte wird durch die Größe der Stichprobe bestimmt. Regelkarten werden häufig **kombiniert**.

Kombinationen:

Stichprobengröße 3 – 5 Teile	→ $\bar{x}/R$-Regelkarte
Stichprobengröße 3 oder 5 Teile	→ $\tilde{x}/R$-Regelkarte
Stichprobengröße mehr als 10 Teile	→ $\bar{x}/s$-Regelkarte

QRK's zeigen den zeitlichen Verlauf von Merkmalswerten sowie das Auftreten an Störungen.

Qualitätsmanagement, Qualitätsregelkarten

Qualitätsregelkarten (QRK)

1. **QRK's** werden zur ständigen **Prozessüberwachung** verwendet.
2. Das Aufzeichnen von systematischen Streuungsursachen ermöglicht Maßnahmen der Fehlervermeidung.
3. Um schnell in den **Fertigungsprozess** einzugreifen, sind häufige **Stichproben** nötig.
4. Der **Stichprobenumfang** muss stets gleich sein und **Prozesseinflüsse** müssen dokumentiert werden.
5. Die **Eingriffsgrenzen** sind kleiner als die **Toleranzgrenzen**, und sie werden berechnet.

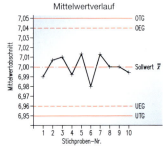

OTG = obere Toleranzgrenze
UTG = untere Toleranzgrenze
OEG = obere Eingriffsgrenze
UEG = untere Eingriffsgrenze

Mittelwert
$$OEG_{\bar{x}} = \bar{x} + A_2 \cdot \bar{R}$$
$$UEG_{\bar{x}} = \bar{x} - A_2 \cdot \bar{R}$$

Spannweiten
$$OEG_{\bar{R}} = D_4 \cdot \bar{R}$$
$$UEG_{\bar{R}} = D_3 \cdot \bar{R}$$

Sollwert, Toleranz- und **Eingriffsgrenzen** werden in die **QRK's** eingetragen. Aus dem Verlauf der Kurve werden Schlüsse auf den Fertigungsprozess gezogen.

Beispiel:

geg: $\bar{x} = 7{,}00$ mm
$\bar{R} = 0{,}0525$ mm

$OEG_x = \bar{x} + A_2 \cdot \bar{R}$
$= 7{,}00 + 0{,}577 \cdot 0{,}0525$ (mm)
$= 7{,}039$ mm
$= \underline{7{,}04 \text{ mm}}$ (gerundet)

$UEG_x = \bar{x} - A_2 \cdot \bar{R}$
$= 7{,}00 - 0{,}577 \cdot 0{,}0525$ (mm)
$= \underline{6{,}96 \text{ mm}}$ (gerundet)

Für Spannweite $\bar{R}$
$OEG = 2{,}114 \cdot 0{,}0525$ mm
$= \underline{0{,}11 \text{ mm}}$ (gerundet)

$UEG = D_3 \cdot \bar{R}$
$= 0 \cdot 0{,}0525$ mm
$= \underline{0 \text{ mm}}$

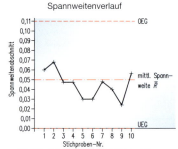

Stichprobenfaktor	A2	D3	D4	[1]
2	1,880	0	3,267	
3	1,023	0	2,574	
4	0,729	0	2,282	
5	0,577	0	2,114	
6	0,483	0	2,004	

[1] Diese Faktoren basieren auf einer statistischen Sicherheit von 99,73%

Datum:	01.08.									
Zeit:	8	9	10	11	12	13	14	15	16	17 Uhr

Teil III

Technik und Programmierung von CNC-Werkzeugmaschinen

CNC-Technik

Numerische Steuerungen

NC = Numerical control

NC (Numerische Steuerung) = Steuerung für Arbeitsmaschinen, bei der die Daten für geometrische und technologische Funktionen als Zeichen (Buchstabe, Ziffer, Sonderzeichen) eingegeben werden.

Programmgesteuerte Werkzeugmaschinen mit zahlenverstehenden Steuerungen nennt man NC-Maschinen.

CNC = Computerized numerical control

CNC = eine Steuerung, die einen oder mehrere speicherprogrammierbare Rechner enthält, der aus den eingegebenen Daten die Maschinenbewegungen berechnet.

DNC = Direct numerical control

DNC = ein System, bei dem mehrere numerisch gesteuerte Werkzeugmaschinen mit einem gemeinsamen Rechner verbunden sind, der die Daten der Steuerprogramme für die Werkzeugmaschinen verwaltet und zeitgerecht verteilt.

CNC-Technik

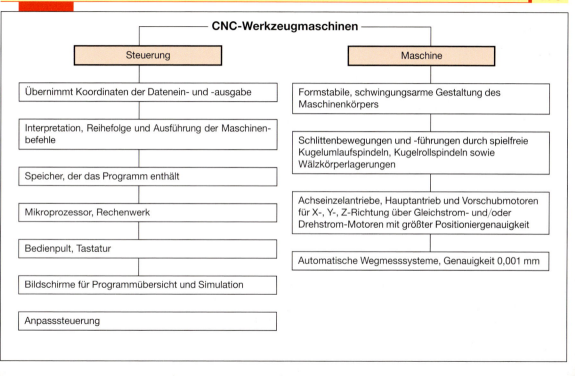

CNC-Werkzeugmaschinen

Steuerung

- Übernimmt Koordinaten der Datenein- und -ausgabe
- Interpretation, Reihefolge und Ausführung der Maschinenbefehle
- Speicher, der das Programm enthält
- Mikroprozessor, Rechenwerk
- Bedienpult, Tastatur
- Bildschirme für Programmübersicht und Simulation
- Anpassteuerung

Maschine

- Formstabile, schwingungsarme Gestaltung des Maschinenkörpers
- Schlittenbewegungen und -führungen durch spielfreie Kugelumlaufspindeln, Kugelrollspindeln sowie Wälzkörperlagerungen
- Achseinzelantriebe, Hauptantrieb und Vorschubmotoren für X-, Y-, Z-Richtung über Gleichstrom- und/oder Drehstrom-Motoren mit größter Positioniergenauigkeit
- Automatische Wegmesssysteme, Genauigkeit 0,001 mm

Vor- und Nachteile von NC-Maschinen

Vorteile	Nachteile
– hohe Arbeitsgenauigkeit – kurze Fertigungszeiten – hohe Wirtschaftlichkeit selbst bei geringer Stückzahl – kleine Rüstzeiten – Serienfertigung – große Wiederholgenauigkeit – geringe Kontrollkosten – kleine Ausschusskosten	– hohe Maschinenkosten – komplizierte Bedienung – Bedienungspersonalwechsel schwieriger

Merkmale der Antriebsmotoren

Hauptspindelantrieb	Vorschubantrieb
– Gleichstrommotor mit Getriebestufen – stufenlose Regelung des Motors – hohes Anzugsmoment – einfache Drehzahlregelung – bei Lastwechsel bleibt Umdrehungsfrequenz (Drehzahl) konstant	– Gleichstrommotor und Kugelgewindeantrieb an X-, Y- und Z-Achse – gutes dynamisches Verhalten des Gleichstrommotors für Beschleunigung und Bremsung – kleines Trägheitsmoment – hohe Genauigkeitsregelung für exakte Verfahrwege möglich

CNC-Technik

Konstruktive Merkmale von CNC-Werkzeugmaschinen

Kugelumlaufspindel

Für die Achsbewegungen des Werkzeugschlittens verwendet man Kugelumlaufspindeln.
Sie gewährleisten Leichtgängigkeit, einen reibungsarmen und spielfreien Vorschubantrieb bei hoher Betriebsgeschwindigkeit und geringen Verschleiß.

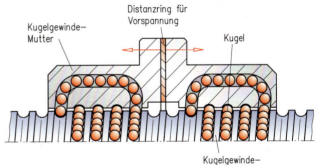

Aufbau und Wirkungsweise

In den Vorschub-Antrieben darf kein Umkehrspiel auftreten. Dies wird erreicht, indem die beiden Hälften der Kugelgewinde-Mutter mittels eines Distanzringes gegeneinander und gegen die Kugelgewindespindel vorgespannt werden.

Kugelrückführung

Die Kugelrückführung erfolgt durch Innenumlenkungen oder Rohrrückführung.

CNC-Technik

Wegmesssysteme

Eine in zwei Achsen gesteuerte CNC-Drehmaschine benötigt zwei Regelkreise zur Lageregelung, um die Position des Werkzeuges an die Steuerung der Maschine zu geben. Jede Achse einer CNC-Maschine erfordert je eine Wegmesseinrichtung.

Je nach Messart unterscheidet man zwischen **zwei Messverfahren:**

Direkte Wegmessung

Der aus Glas bestehende Strichgittermaßstab ist am Werkzeugschlitten befestigt. Der zurückgelegte Verfahrweg wird über einen Messwertgeber in elektrische Impulse umgesetzt und auf Grund der Strichgitterteilung direkt als Verfahrweg angegeben.

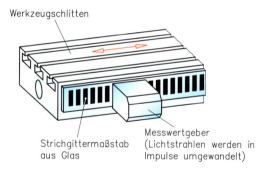

CNC-Technik

Indirekte Wegmessung

Ein inkrementaler* Drehwinkelmaßstab aus Glas ist an der Kugelumlaufspindel befestigt. Die Längsbewegung des Werkzeugschlittens wird über die Drehbewegungen der radialen Strichgittereinteilung mit einem Drehgeber in elektrischen Impulsen erfasst und als Verfahrweg angegeben.

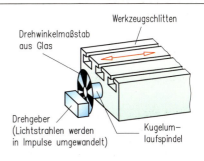

Digital-inkrementale Wegmessung

Der Strichgittermaßstab wird fotoelektrisch abgetastet. Beim Verfahren des Glas-Strichgittermaßstabes werden die Hell-Dunkel-Inkremente (Felder) in fotoelektrische Zählimpulse umgewandelt und der Verfahrweg im Wegmesszählwerk gemessen.

Die Nullpunktverschiebung erfolgt durch einfaches Nullpunktsetzen des Zählwerks.

Um beim Einschalten der Steuerung einen festen Bezugspunkt zu haben, legt der Hersteller einen Maschinen-Referenzpunkt fest. Die Steuerung arbeitet von diesem Referenzpunkt aus.

Die untere Fotozelle ertastet den Referenzpunkt. Nur Steuerungen mit inkrementaler Wegmessung benötigen den Referenzpunkt, da bei Stromausfall bzw. Störungen die Istwerte verloren gehen. Nocken am Maschinenschlitten oder Zeichen am Glasgittermaßstab kennzeichnen den Referenzpunkt.

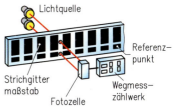

* Inkrement = Zuwachs

CNC-Technik

Digital-Absolute-Wegmessung

Bei dieser Wegmessung wird die jeweils augenblickliche Maschinen-Schlittenposition gemessen, d. h. die Messwerteerfassung erfolgt vom Koordinaten-Nullpunkt aus. Die Glasmaßstäbe sind dualkodiert und können bis zu 18 Spuren haben. Für jede Spur wird eine Fotozelle benötigt. Die fotoelektrischen Leseköpfe liefern für jede Schlittenposition das jeweilige Messsignal. Jeder Spur des Glasmaßstabes, mit dual gestufter Teilung, ist eine Hochzahl von 2 zugeordnet. In unserem Beispiel tasten 5 Leseköpfe über Fotozellen die Hell-Dunkel-Felder ab. Die Spuren 1, 2 und 5 liefern binär je die Ziffer 0. Die Spuren 3 und 4 liefern binär je die Ziffer 1. Durch Addieren der zugehörigen Ergebnisse 4 plus 8 aus den Hochzahlen von 2, erhält man die Schlittenposition 12.

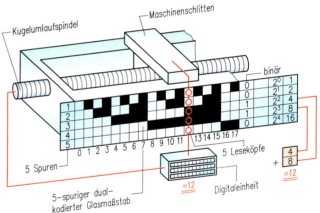

Datenträger, Informationsverarbeitung

Datenträger in der NC-Technik sind **Lochstreifen, Magnetbandkasetten, Disketten oder CD–ROMs**. So können einmal optimierte Programme für Werkstücke (Teilprogramme) gespeichert und für Folgeaufträge wieder abgerufen werden.

CNC-Technik

Bezugspunkte, Nullpunkte

In der Praxis unterscheidet man neben den Bezugspunkten in einem Koordinatensystem weitere Punkte im Arbeitsraum einer CNC-Werkzeugmaschine.

M = Maschinen-Nullpunkt

Der M (Maschinen-Nullpunkt) wird vom Hersteller unveränderbar festgelegt und befindet sich im Ursprung 0 des Koordinatensystems und wird durch die Lage der Messsysteme bestimmt. Befinden sich die Achsschlitten in **M**, erhält die Koordinatenanzeige die Werte 0 und ist Startpunkt aller Achsschlitten.

R = Maschinen-Referenzpunkt

Um beim Einschalten der Steuerung einen festen Bezugspunkt zu haben, legt der Hersteller einen Referenzpunkt **R** fest. Die Steuerung arbeitet von diesem Referenzpunkt **R** aus.

Das Wegemesssystem misst von diesem Referenzpunkt aus die Wegestrecken. Der Referenzpunkt liegt meist im Randbereich des Arbeitsraumes der CNC-Maschine.

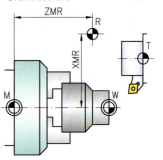

Drehmaschine

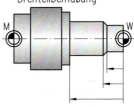

Drehteilbemaßung

CNC-Technik

W = Werkstück-Nullpunkt

W ist vom Programmierer frei festzulegen. Er ist identisch mit dem Nullpunkt des Werkstück-Koordinatensystems. Alle Fertigmaße auf der CNC-Maschine gehen vom **W** aus. Die Zeichnungsvermaßung sollte daher, wenn möglich, vom Punkt **W** ausgehen. Der Steuerung ist die Wegverschiebung vom Maschinen-Nullpunkt **M** zum Werkstück-Nullpunkt **W** einzugeben. Danach bezieht die Steuerung alle Wegeingaben auf diesen Punkt **W**.

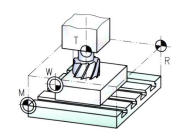

Fräsmaschine

T* = Werkzeugträger-Bezugspunkt

T liegt in der Mitte auf der Anschlagfläche der Werkzeugaufnahme. Bei Drehmaschinen ist dies die Anschlagfläche des Werkzeughalters am Revolver. Bei Fräsmaschinen ist dies die Spindelachse. Mit diesem Bezugspunkt **T** wird der Referenzpunkt **R** angefahren. Die Lage des Bezugspunktes **T** ist der CNC-Steuerung bekannt.

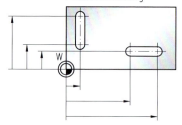

Frästeilbemaßung

P0 = Programm-Nullpunkt, Programm-Startpunkt

Während **W**, z. B. bei einem Rohdrehteil, noch innerhalb des Werkstückes liegt, ist es aus fertigungstechnischen Gründen häufig erforderlich, **P0** festzulegen, der außerhalb des Werkstücks liegt. **P0** wird in der Regel so gelegt, dass ein einfacher Werkzeug- bzw. Werkstückwechsel möglich ist.

* Sinnbild und Buchstabe sind nicht genormt.

CNC-Technik

Bemaßung der Zeichnungen

Für die NC-Programmierung sind konventionelle Bemaßungen nicht geeignet. Nach DIN ist die Maßeintragung durch Koordinaten festgelegt. Der NC-Maschinen-Programmierer soll auf der Zeichnung die Maße als Weginformation für die X-, Y- und Z-Achse eingeben können. Man unterscheidet Bezugs- und Kettenbemaßung.

Bezugsbemaßung = Absolute Bemaßung G 90*

Bei dieser Bemaßung wird jeweils von einer Maßbezugskante aus bemaßt. Es sind absolute Wegmaße. Jedes Maß gibt die Entfernung jedes Punktes vom Werkstück-Nullpunkt und zugleich Koordinaten-Nullpunkt an.

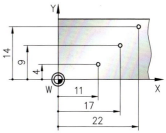

Bezugsbemaßung (Absolutbemaßung)

Kettenbemaßung = Inkremental- bzw. Zuwachsbemaßung G 91**

Bei dieser Bemaßungsart gibt man an, um welchen Maßzuwachs (Inkrement) sich das Werkzeug weiter bewegen muss. Die Kettenbemaßung (inkrementale Bemaßung) wird in der Praxis wenig verwendet.

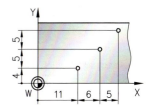

Kettenbemaßung
(Inkremental- oder Zuwachsbemaßung)

* G 90 = Wegbedingung: Die Steuerung weiß, dass sich die absoluten Maßangaben auf den Werkstück-Nullpunkt beziehen.
** G 91 = Wegbedingung: Die Steuerung weiß, dass sich die programmierten X-, Y- und Z-Werte auf die letzte Werkzeugposition beziehen.

CNC-Technik

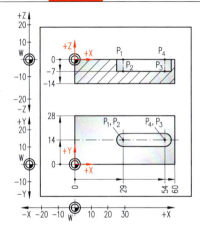

Werkstückpunkte	P_1	P_2	P_3	P_4
X-Koordinate	29	29	54	54
Y-Koordinate	14	14	14	14
Z-Koordinate	0	–7	–7	0

Das Koordinatensystem

Bevor das Koordinatensystem für CNC-Maschinen erklärt wird, zeigt das Werkstück-Koordinatensystem die Notwendigkeit, Verfahrwege in die **X-, Y-** und **Z-Achse** eindeutig festzulegen. Anordnung und Richtung der Koordinatenachsen sind bei CNC-Maschinen nach DIN 66217 genormt.

Um das Langloch im Werkstück fräsen zu können, sind exakte Verfahrwege unverwechselbar für die Steuerung einzugeben. Der Fräser befindet sich im Werkstück-Nullpunkt W, auf der Z-Achse.

Werkstück und nebenstehende Tabelle zeigen, dass mittels eines festgelegten Koordinatensystems der Fräser vom Werkstück-Nullpunkt W aus, um zu P_1 zu gelangen, 29 mm in die positive X-Richtung, 14 mm in die positive Y-Richtung und 0 mm in die Z-Richtung fahren muss. (Der Fräser befindet sich direkt über dem Werkstück.)

Um auf Tiefe P_2 zu fräsen, bewegt sich der Fräser 7 mm in die negative Z-Richtung, während die X- und Y-Koordinaten unverändert bleiben. Um bis zu P_3 zu fräsen, bewegt sich der Fräser 54 mm in die positive X-Koordinate, wobei die Y-Koordinate von 14 mm und die negative Z-Koordinate von 7 mm unverändert beibehalten werden. Soll der Fräser P_4 erreichen, bleiben die X- und Y-Koordinate unverändert, während der Fräser 7 mm in die positve Z-Koordinate zurückfährt. Das Langloch ist gefräst.

CNC-Technik

Maschinenkoordinaten nach DIN 66217

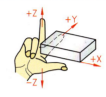

Achsenzuordnung mit Hilfe der Rechte-Hand-Regel

Regel:	Das Koordinatensystem ist immer auf das Werkstück bezogen.
Regel:	Beim Programmschreiben geht man stets davon aus, dass das Werkzeug sich bewegt, das Werkstück aber immer still steht.

Anordnung und Richtung der Koordinatenachsen im Arbeitsraum einer CNC-Maschine sind genormt und danach vom Maschinenhersteller festgelegt.

Die Richtung der X-, Y- und Z-Achse entspricht den Bewegungsrichtungen der Schlittenführungen.

Rechte-Hand-Regel: Mit der Rechte-Hand-Regel kann man Anordnung und Richtung der positiven bzw. negativen Achsrichtungen X, Y oder Z gut darstellen:

Z-Achse: Sie fällt mit der Arbeitsspindel des Fräsers zusammen (beim Bohrvorgang mit der Bohrerachse) bzw. sie verläuft parallel zur Arbeitsspindel. Die positive Z-Achse verläuft somit vom Werkstück zum Werkzeug. Das Frästeil S. 182 zeigt: Es sind 7 mm in die negative Z-Richtung zu verfahren, will man vom P1 nach P2 auf Tiefe im Langloch.
Die Lage der Arbeitsspindel einer Fräsmaschine bestimmt die Lage der Z-Koordinate. Dies ändert sich z. B. bei dem Waagerechtfräskopf.

X-Achse: Sie liegt bei Fräsmaschinen parallel zu der Aufspannfläche des Maschinentisches. Die positive X-Achse verläuft bei der Senkrechtfräsmaschine nach rechts, blickt man von der Arbeitsfläche hin zum Maschinenständer.

Y-Achse: Anordnung und Richtung der Y-Achse lassen sich mit der Rechte-Hand-Regel eindeutig bestimmen, wenn Z- und X-Achse festgelegt sind.

CNC-Technik

Die Werkstück-Koordinaten-Ebenen

Eine weitere Hilfe für den Programmierer, die Koordinaten richtig festzulegen und einzugeben, bildet das Koordinatensystem X, Y und Z mit seinen dazugehörenden Flächen bzw. Ebenen.

Die X-Z-Achse bildet eine X-Z-Ebene.
Die Y-Z-Achse bildet eine Y-Z-Ebene.
Die X-Y-Achse bildet eine X-Y-Ebene.

Drehbewegungen um die X-, Y- und Z-Achse sowie die Parallelbewegungen U, V und W zu den Hauptkoordinaten X, Y und Z.

CNC-Bearbeitungszentren benötigen für komplizierte Werkstücke neben den drei Hauptbewegungsrichtungen weitere Koordinaten und Drehrichtungen wie: Drehbewegungen A, B und C. Diese Drehbewegungen erfolgen jeweils um die Hauptachsen X, Y und Z.

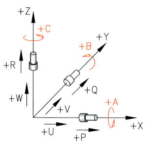

Die Schrauben veranschaulichen die Drehrichtungen von A, B und C. U, V und W zeigen die Parallelbewegungen zu den Hauptachsen.

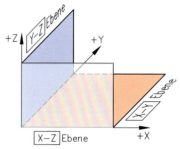

Hauptkoordinate	X	Y	Z
Drehbewegung	A	B	C
Parallele Bewegung zur Hauptkoordinate	U P	V Q	W R

Aus der Zeichnung geht hervor: Die positive Drehrichtung A, B und C ergibt sich aus der Schraubenbewegung mit Rechtsgewinde.
Für weitere Bewegungen parallel zu den Hauptkoordinaten X, Y und Z sind die Koordinaten U, V, W und P, Q, R vorgesehen und zugeordnet.

CNC-Technik

Achsbezeichnungen beim Drehen

Beim Drehen gibt es nur die X- und Z-Achse. Die Z-Achse fällt in die Arbeitsspindel der Drehmaschine.
Die X-Achse liegt parallel zum Planschlitten der Drehmaschine.

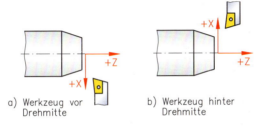

a) Werkzeug vor Drehmitte
b) Werkzeug hinter Drehmitte

Z-Achse: Bewegt sich der Drehmeißel vom Drehteil weg, bedeutet das für den Programmierer +Z.

X-Achse: Bewegt sich der Planschlitten mit dem Drehmeißel von der Drehteilmitte weg, bedeutet das für den Programmierer +X.

X-Koordinaten für Drehen sind vom Programmierer immer durchmesserbezogen einzugeben.

Zuordnung der Koordinatensysteme an CNC-Werkzeugmaschinen

An den drei CNC-Arbeitsmaschinen wie Drehmaschine, Senkrecht-Konsolfräsmaschine und Bearbeitungszentrum werden die nach DIN 66217 genormten und zugeordneten Bewegungsachsen gezeigt.

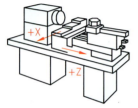

Drehmaschine

Senkrecht-Konsolfräsmaschine

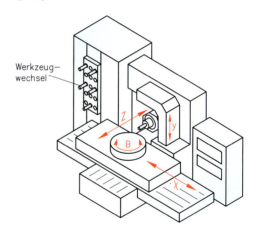

Bearbeitungszentrum mit 4-Achsen = 4 D-Steuerung
D = Dimension

CNC-Technik

Steuerungsarten

Bei den CNC-Maschinen unterscheidet man **drei** verschiedene Steuerungsarten:
1. Punktsteuerung
2. Streckensteuerung
3. Bahnsteuerung

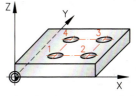

Maschinen
Bohr-Maschinen
Stanz-Maschinen
Punktschweiß-Maschinen

1 D-Punktsteuerung = 1 steuerbare Achse

Verfahrweg, Werkzeug

Die Punktsteuerung ermöglicht das Anfahren des Werkzeuges zu den einzelnen programmierten Positionen 1–4 wie im Bild. Ist die X-Koordinate (z. B. für Zielpunkt 3) erreicht, erfolgt die Positionierung der Y-Koordinate für Bohrung 3. Nach jeder Positionierung im Eilgang erfolgt die Bearbeitung. Das Werkzeug ist während des Positioniervorgangs nicht im Eingriff.

2 D-Streckensteuerung = 2 steuerbare Achsen

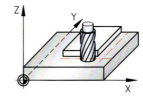

Maschinen
Fräs-Maschinen
Dreh-Maschinen

Verfahrweg, Werkzeuge

Bei der Streckensteuerung erfolgt die Bearbeitung **nur parallel** zu den Koordinatenachsen. Das Werkzeug ist während des Arbeitsvorschubes im Eingriff.

CNC-Technik

3 D-Bahnsteuerung = 3 steuerbare Achsen

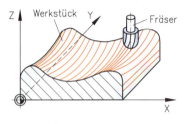

Maschinen:
Drahterodier-Maschinen
Fräs-Maschinen
Brennschneid-Maschinen
Zeichen-Maschinen
Bearbeitungszentren

Verfahrweg, Werkzeug

Die Bahnsteuerung ist die vielseitigste Steuerungsart. Jede Bahnsteuerung enthält auch die Punkt- und Streckensteuerung. Als Verfahrwege werden beliebige **Geraden, Kreisbögen** und **Winkel** in der Ebene oder im Raum erzielt. Zwischen den Verfahrbewegungen in die verschiedenen Achsrichtungen besteht ein funktionaler Zusammenhang. Das Werkzeug ist während des Verfahrweges im Eingriff.

CNC-Technik

Grundbildzeichen für NC-Maschinen, DIN 55003

Diese Grundsymbole werden als Grundlage zusammengesetzter Symbole zusammenhängender Funktionen verwendet. Die zusammengesetzten Symbole sind auf den Bedienungstafeln der NC-Maschine angegeben.

Grundbildzeichen für NC-Maschinen, DIN 55003

Bild	Bezeichnung	Bild	Bezeichnung
→	Richtungsweisender Pfeil	↦	Korrektur oder Verschiebung
➡	Funktionspfeil	⊕	Bezugspunkt
⟩	Datenträger	◇	Speicher
⟩	Programm ohne Maschinenfunktionen	⌀	Ändern
⟩	Programm mit Maschinenfunktionen	⇄	Wechsel
□	Satz	∥	Löschen

Bildzeichenkombinationen (Auswahl), DIN 55003

Bild	Bezeichnung	Bild	Bezeichnung	Bild	Bezeichnung
%⟩	Programm – Anfang	⌾	Positioniergenauigkeit – fein	⌀	Werkzeug-Radiuskorrektur
⟩	Programm – Ende	⌾	Positioniergenauigkeit – mittel	⌀	Werkzeug-Längenkorrektur
◆	Dateneingabe in einen Speicher	⊙	Referenzpunkt	⌀	Werkzeugkorrektur
⌀	Programm ändern	⊕	Koordinaten-Nullpunkt	⌀	Werkzeug-Schneidenradiuskorrektur
⌘	Handeingabe	⊕	Nullpunkt-Verschiebung	⟩	Programm-Speicher
⌀	Daten im Speicher ändern	⊕	Absolute Maßangaben	⟩	Unterprogramm-Speicher
↳	In Position	⊕	Inkrementale Maßangaben	⟩	Unterprogramm

CNC-Technik

Programmieren, Programmaufbau

Dieses Programmblatt zeigt auszugsweise den üblichen Aufbau eines CNC-Programms und wird hier erklärt.

	Programmblatt							
	Weg- bzw. geometrische Informationen				Technologische bzw. Schaltinformationen			
	Satz-Nr.	Wegbedingungen	Koordinaten-Achsen			Vorschub	Spindeldrehzahl	Werkzeug	Zusatzfunktion
	N	G	X	Y	Z	F	S	T	M
	N 10	G 90							
	N 20	G 95				F 0,2	S 200	T 01	M 04
	⋮	⋮				⋮	⋮	⋮	⋮
Satzbeispiel	N 90	G 00	X 75		Z 20	⋮	⋮	⋮	⋮
Erklärung	Satz Nr. 90	Punktsteuerungsverhalten	In die X-Koordinate nach x 75,000 mm fahren	Beim Drehen gibt es keine Y-Koordinate	In die Z-Koordinate nach Z 20,000 mm fahren	Vorschub von 0,2 mm	Umdrehungsfrequenz (Drehzahl) $n = 200$ min^{-1}	Werkzeug Nr. 1	Spindel dreht sich im Gegenuhrzeigersinn

Jedes **Programm** besteht aus einer Folge von **Sätzen**, wie z. B.: N 10, N 20, N 30, …, N 90. Die Satznummer dient der Kennzeichnung eines Satzes. Man verwendet Zehnersprünge, um jederzeit Satzeinfügungen zu ermöglichen. Man verwendet oft 5er oder 10er Sprünge. Wie z. B.: N 10, N 11, N 12, … Ein Satz besteht aus mehreren **Wörtern** wie z. B. der Satz N 90:

CNC-Technik | 193

Satz: → | N 90 | G 00 | X 75 | | Z 20 | F 0,2 | S 200 | T 01 | M 04 |

Wort: → | X 75 | | Z 20 | F 0,2 | S 200 | T 01 | M 04 | ← Wort

Ein **Wort** besteht aus einer **Adresse** und einer **Ziffer**.

Die **Adressen** sind: X, Z, F, S, T, M.
Die **Ziffern** sind: 75, 20, 0,2, 200, 01, 04.

Merke: Ein Programm besteht aus einzelnen Sätzen, die aus Wörtern gebildet werden. Diese Wörter wiederum setzen sich aus Adressbuchstaben und Ziffern zusammen. Das entsprechende Programm für ein Werkstück, ein Teil, genannt Teileprogramm, legt die einzelnen Sätze mit den notwendigen geometrischen, technologischen sowie programmtechnischen Informationen fest.

Programmtechnische Informationen nennt man auch **Sonderzeichen** für das Erstellen von NC-Programmen. Nachstehend Sonderzeichen in Form einer Tabelle:

	Sonderzeichen
Zeichen	Bedeutung
%	Programmanfang, auch unbedingter Stopp des Programm-Rücksetzens
(	Anmerkungsbeginn
)	Anmerkungsende
+	plus
,	Komma
−	minus
.	Dezimalpunkt
/	Satzunterdrückung
:	Hauptsatz, auch bedingter Stopp des Programm-Rücksetzens
LF	Satzende

Die Weg- bzw. geometrischen Informationen
Wie aus dem oberen Teil des Programmblattes S. 192 ersichtlich, beinhalten die Weg- bzw. die geometrischen Funktionen die **Wegbedingungen G** und die **Koordinatenachsen X, Y, Z**. Die G-Funktionen müssen erst dann im Satz neu geschrieben werden, wenn eine neue G-Funktion zum Einsatz kommt. Dies gilt auch für alle weiteren Informationen wie: **X, Y, Z, F, S, T, M**. Diese Informationen halten ihre Gültigkeit im fortlaufenden Satz bei, bis sie von neuen Informationen überschrieben werden müssen.

CNC-Technik PAL-Programmiersystem Drehen

Nachfolgende Tabelle zeigt die **G-Funktion**, auch Adressbuchstaben G genannt:
Wegbedingungen, Adressbuchstaben G und Koordinaten …

Code	Funktion
G0	Verfahren im Eilgang
G1	Linearinterpolation im Arbeitsgang
G2	Kreisinterpolation im Uhrzeigersinn
G3	Kreisinterpolation entgegen dem Uhrzeigersinn
G4	Verweildauer
G9	Genauhalt
G14	Konfigurierten Werkzeugwechselpunkt anfahren
G17	Stirnseitenbearbeitungsebenen
G18	Drehebenenanwahl
G19	Mantelflächen/Sehnenflächenbearbeitungsebenen
G22	Unterprogrammaufruf
G23	Programmteilwiederholung
G29	Bedingte Programmsprünge
G30	Umspannen/Gegenspindelübernahme
G40	Abwahl der Schneidenradiuskorrektur SRK
G41/G42	Schneidenradiuskorrektur SRK
G50	Aufheben von inkrementellen Nullpunkt-Verschiebungen und Drehungen
G53	Alle Nullpunktverschiebungen und Drehungen aufheben
G54-G57	Einstellbare absolute Nullpunkte
G59	Inkrementelle Nullpunkt-Verschiebung kartesisch und Drehung
G61	Linearinterpolation für Konturzüge
G62	Kreisinterpolation im Uhrzeigersinn für Konturzüge
G63	Kreisinterpolation entgegen dem Uhrzeigersinn für Konturzüge
G70	Umschaltung auf Maßeinheit Zoll (Inch)
G71	Umschaltung auf Maßeinheit Millimeter (mm)
G90	Absolutmaßangabe einschalten
G91	Kettenmaßangabe einschalten
G92	Drehzahlbegrenzung

Code	Funktion
G94	Vorschub in Millimeter pro Minute
G95	Vorschub in Millimeter pro Umdrehung
G96	Konstante Schnittgeschwindigkeit
G97	Konstante Drehzahl
G31	**Gewindezyklus**
G32	**Gewindebohrzyklus**
G33	**Gewindestrehlgang**
G80	**Abschluss einer Bearbeitungszyklus-Konturbeschreibung**
G81	**Längsschruppzyklus**
G82	**Planschruppzyklus**
G83	**Konturparalleler Schruppzyklus**
G84	**Bohrzyklus**
G85	**Freistichzyklus**
G86	**Radialer Stechzyklus**
G87	**Radialer Konturstechzyklus**
G88	**Axialer Stechzyklus**
G89	**Axialer Konturstechzyklus**

Koordinaten und Interpolationsparameter	
XA, YA, ZA	Absolute Eingabe von Koordinatenwerten, bezogen auf das Werkstück-Koordinatensystem
XI, YI, ZI	Inkrementale Eingabe von Koordinatenwerten, bezogen auf das Werkstück-Koordinatensystem
IA, JA, KA	Absolute Eingabe der Interpolationsparameter bezogen auf das Werkstück-Koordinatensystem

CNC-Technik PAL-Programmiersystem Fräsen und Bearbeitungszyklen

Code	Funktion
G0	Verfahren im Eilgang
G1	Linearinterpolation im Arbeitsgang
G2	Kreisinterpolation im Uhrzeigersinn
G3	Kreisinterpolation entgegen dem Uhrzeigersinn
G4	Verweildauer
G9	Genauhalt
G10	Verfahren im Eilgang in Polarkoordinaten
G11	Linearinterpolation mit Polarkoordinaten
G12	Kreisinterpolation im Uhrzeigersinn mit Polarkoordinaten
G13	Kreisinterpolation entgegen dem Uhrzeigersinn mit Polarkoordinaten
G17	Ebenenanwahl 2 $\frac{1}{2}$ D-Bearbeitung (Standardebene)
G18	Ebenenanwahl 2 $\frac{1}{2}$ D-Bearbeitung (Standardebene)
G19	Ebenenanwahl 2 $\frac{1}{2}$ D-Bearbeitung (Standardebene)
G22	Unterprogrammaufruf
G23	Programmteilwiederholung
G29	Bedingte Programmsprünge
G40	Abwahl der Fräserradiuskorrektur
G41/G42	Anwahl der Fräserradiuskorrektur
G45	Lineares tangentiales Anfahren an einer Kontur
G46	Lineares tangentiales Abfahren von der Kontur
G47	Tangentiales Anfahren an eine Kontur im $\frac{1}{4}$-Kreis
G48	Tangentiales Abfahren von einer Kontur im $\frac{1}{4}$-Kreis
G50	Aufheben von inkrementellen Nullpunkt-Verschiebungen und Drehungen
G53	Alle Nullpunktverschiebungen und Drehungen aufheben
G54-G57	Einstellbare absolute Nullpunkte
G58	Inkrementelle Nullpunkt-Verschiebung polar und Drehung
G59	Inkrementelle Nullpunkt-Verschiebung kartesisch und Drehung
G61	Linearinterpolation für Konturzüge
G62	Kreisinterpolation im Uhrzeigersinn für Konturzüge
G63	Kreisinterpolation entgegen dem Uhrzeigersinn für Konturzüge
G66	Spiegeln an der X- und/oder Y-Achse – Spiegelung aufheben
G67	Skalieren (Vergrößern bzw. Verkleinern oder Aufheben)
G70	Umschaltung auf Maßeinheit Zoll (Inch)
G71	Umschaltung auf Maßeinheit Millimeter (mm)
G90	Absolutmaßangabe einschalten
G91	Kettenmaßangabe einschalten
G94	Vorschub in Millimeter pro Minute
G95	Vorschub in Millimeter pro Umdrehung
G96	Konstante Schnittgeschwindigkeit
G97	Konstante Drehzahl
	Bearbeitungszyklen
G34	Eröffnung des Konturtaschenzyklus
G35	Schrupptechnologie des Konturtaschenzyklus
G36	Restmaterialschrupp-Technologie des Konturtaschenzyklus
G37	Schlichttechnologie des Konturtaschenzyklus
G38	Konturbeschreibung des Konturtaschenzyklus
G80	Abschluss einer G38 – Taschen/Insel-Konturbeschreibung
G39	Konturtaschenzyklusaufruf mit konturparalleler oder mäanderförmige Ausräumstrategie
G72	Rechtecktaschenfräszyklus
G73	Kreistaschen- und Zapfenfräszyklus
G74	Nutenfräszyklus
G75	Kreisbogennut-Fräszyklus
G81	Bohrzyklus
G82	Tiefbohrzyklus mit Spanbruch
G83	Tiefbohrzyklus mit Spanbruch und Entspänen
G84	Gewindebohrzyklus
G85	Reibzyklus
G86	Ausdrehzyklus
G87	Bohrfräszyklus
G88	Innengewindefräszyklus
G89	Außengewindefräszyklus
G76	Mehrfachzyklusaufruf auf einer Geraden (Lochreihe)
G77	Mehrfachzyklusaufruf auf einem Teilkreis (Lochkreis)
G78	Zyklusaufruf an einem Punkt (Polarkoordinaten)
G79	Zyklusaufruf an einem Punkt (kartesische Koordinaten)

G31 Gewindezyklus

NC-Satz mit verpflichtenden Adressen und Auswahl-Adressen
G31 Z/ZI/ZA X/XI/XA F D [ZS] [XS] [DA] [DU] [Q] [O] [S] [M] [H]

Verpflichtende Adressen:

Z, ZI, ZA	Gewindeendpunkt in Z-Richtung	
	Z	gesteuert von G90/G91
	I	inkremental
	A	absolut
X, XI, XA	Gewindeendpunkt in X-Richtung	
	X	gesteuert von G90/G91
	I	inkremental
	A	absolut
F	Gewindesteigerung	
D	Gewindetiefe	

Auswahl-Adressen […]

ZS	Gewindestartpunkt absolut in Z
XS	Gewindestartpunkt absolut in X
DA	Gewindeanlauf
DU	Gewindeüberlauf
Q	Anzahl der Schnitte
O	Anzahl der Leerdurchläufe
S	Drehzahl/Schnittgeschwindigkeit
M	Drehrichtung/Kühlmittelschaltung
H	Auswahl der Zustellart und Restschnitte (RS)

H1	ohne Versatz (Radialzustellung), RS aus
H2	Zustellung linke Flanke, RS aus
H3	Zustellung rechte Flanke, RS aus
H4	Zustellung wechselseitig, RS aus
H11	ohne Versatz (Radialzustellung), RS ein
H12	Zustellung linke Flanke, RS ein
H13	Zustellung rechte Flanke, RS ein
H14	Zustellung wechselseitig, RS ein
	Restschnitte: $1/2$, $1/4$, $1/8$, $1/8 \times (D/Q)$

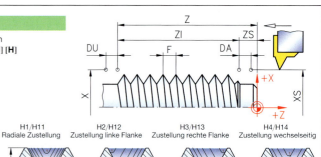

Bearbeitungsbeispiel

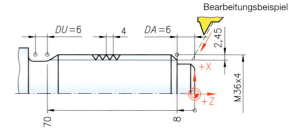

```
N10 G90
N15 G31 Z-70 X36 F4 D2,45 XS36 Q12 O13 H14
```
Beispiel NC-Satz

CNC-Technik PAL-Zyklen bei Drehmaschinen | 197

G84 Bohrzyklus

NC-Satz mit verpflichtenden Adressen und optimalen Adressen:
G84 ZI/ZA [D] [V] [VB] [DR] [DM] [R] [DA] [U] [O] [FR] [E] [F] [S] [M]

Verpflichtende Adressen:

ZI/ZA	**Tiefe** der Bohrung	
	Z	inkremental zur aktuellen Werkzeugposition
	ZA	absolut, bezogen auf das Werkstückkoordinatensystem

Optimale Adressen [...]:

D	Zustelltiefe: keine Eingabe von D, Zustellung bis Endbohrtiefe
V	Sicherheitsabstand
VB	Sicherheitsabstand vor dem Bohrgrund
DR	Reduzierwert der Zustelltiefe jeweils bei der zweiten, dritten, ... und folgender Bohrtiefe
DM	Mindestzustellung
R	Rückzugsabstand
DA	Anbohrtiefe
U	Verweildauer am Bohrungsgrund
O	Wahl der Verweildauer
	O1 Verweilzeit in Sekunden
	O2 Verweildauer in Umdrehungen
FR	Eilgangreduzierung in %
E	Anbohrvorschub
F	Vorschub
S	Drehfrequenz/Schnittgeschwindigkeit
M	Spindeldrehrichtung/Kühlmittelschaltung

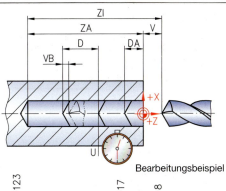

Bearbeitungsbeispiel

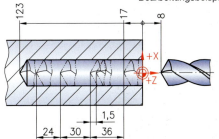

```
N10  G90
N15  G84 Z-123 D30 V8 VB1,5 DR6 U0,6
```
Beispiel NC-Satz

CNC-Technik PAL-Zyklen bei Drehmaschinen

G85 Gewinde- und Freistichzyklus

NC-Satz mit verpflichtenden Adressen und Auswahl-Adressen
G85 ZI/ZA X/XI/XA [I] [K] [RN] [SX] [H] [E] [F] [S] [M]

Verpflichtende Adressen:

Z, ZI, ZA   Freistichposition in Z-Richtung
    Z   gesteuert von G90/G91
    ZI inkremental
    ZA absolut

X, XI, XA   Freistichposition in X-Richtung
    X   gesteuert in von G90/91
    XI inkremental
    XA absolut

Auswahl-Adressen [...]

I   Freistichtiefe, Pflichtparameter für DIN 76 (H1)
K   Freistichlänge, Pflichtparameter für DIN 76 (H1)
RN Eckenradius
SX Schleifaufmaß
H   Freistichformen: H1 DIN 76, H2 DIN 509, Form E, H3 DIN 509, Form F

E   Eintauchvorschub
F   Vorschub
S   Drehfrequenz/Schnittgeschwindigkeit
M Drehrichtung/Kühlmittelschaltung

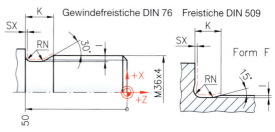

Gewindefreistiche DIN 76   Freistiche DIN 509, Form F

Bearbeitungsbeispiel mit DIN 76

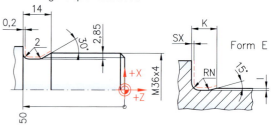

Form E

Beispiel NC-Satz

```
N10  G0
N15  G85 ZA-50 XA36 I2,85 K14 RN2 SX0,2 H1 E0,15
```

CNC-Technik PAL-Zyklen bei Fräsmaschinen

G72 Rechtecktaschenfräszyklen

NC-Satz mit verpflichtenden Adressen und Auswahl-Adressen
G72 ZI/ZA LP BP D V [W] [RN] [AK] [AL] [EP] [DB] [RH] [DH] [O] [Q] [H] [E] [F] [S] [M]

Verpflichtende Adressen:
- ZI/ZA Tiefe der Rechtecktasche in der Zustellachse
  - ZI inkremental ab Materialoberfläche
  - ZA absolut in Werkstückkoordinaten
- LP Länge der Rechtecktasche in X-Richtung
- BP Breite der Rechtecktasche in Y-Richtung
- D maximale Zustelltiefe
- V Abstand der Sicherheitsebene von der Materialoberfläche

Auswahl-Adressen [...]:
- W Höhe der Rückzugsebene absolut in Werkstückkoordinaten
- RN Eckenradius der verrundeten Rechtecktasche
- AK Aufmaß auf den Taschenrand
- AL Aufmaß auf den Taschenboden
- EP Festlegung des Setzpunktes beim Zyklusaufruf (G76 ... G79)
  - EP0 Taschenmittelpunkt
  - EP1, EP2, EP3, EP4: Eckpunkte in den Quadranten 1 bis 4 eines Achsenkreuzes im Taschenmittelpunkt
- DB Fräserbahnüberdeckung in %
- RH Radius der Mittelpunktbahn der Helixzustellung
- DH Zustellung pro Helixumdrehung
- O Zustellbewegung
  - O1 senkrechtes Eintauchen des Werkzeugs
  - O2 Eintauchen des Werkzeugs in einer Helixbewegung
- Q Bearbeitungsrichtung
  - Q1 Gleichlauf, Q2 Gegenlauf
- H Bearbeitungsart
  - H1 Schruppen
  - H2 Planschruppen der Rechteckfläche
  - H4 Schlichten (tangentiales Anfahren der Kontur)
  - H14 Schruppen und Schlichten mit gleichem Wz
- E Vorschub beim Eintauchen
- F Vorschub beim Fräsen XY-Ebene
- S Drehzahl/Schnittgeschwindigkeit
- M Zusatzfunktionen

Bearbeitungsbeispiel

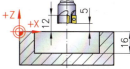
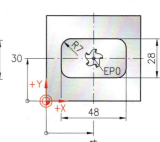

Beispiel NC-Satz

N15 G72, ZA-16 LP48 BP28 D4 V5 AK0,3 AL0,4 W12
N20 G79 X34 Y30   Zyklusaufruf für G72

CNC-Technik PAL-Zyklen bei Fräsmaschinen

G73 Kreistaschen und Zapfenfräszyklus

NC-Satz mit verpflichtenden Adressen und Auswahl-Adressen
G73 ZI/ZA R D V [W] [RZ] [AK] [AL] [DB] [RH] [DH] [O] [Q] [H] [E] [F] [S] [M]

Verpflichtende Adressen:

ZI/ZA	Tiefe der Kreistasche in der Zustellachskoordinate
	ZI inkremental ab Materialoberfläche
	ZA absolut in Werkstückkoordinaten
R	Radius der Kreisachse
D	maximale Zustelltiefe
V	Abstand der Sicherheitsebene von der Materialoberfläche

Auswahl-Adressen [...]:

W	Höhe der Rückzugsebene absolut in Werkstückkoordinaten
RZ	Radius des optionalen Zapfens
AK	Aufmaß auf die Brandung/Taschenrand
AL	Aufmaß auf den Taschenboden
DB	Fräserbahnüberdeckung in %
RH	Radius der Mittelpunktsbahn in Helixzustellung
DH	Zustellung pro Helixumdrehung
O	Zustellbewegung
	O1 senkrechtes Eintauchen des Werkzeugs
	O2 Eintauchen des Werkzeugs in Schraubenlinienbewegung (Helix)
Q	Bearbeitungsrichtung
	Q1 Gleichlauf, Q2 Gegenlauf
H	Bearbeitungsart
	H1 Schruppen
	H2 Planen zirkular von außen nach innen mit der durch DB definierten Zustellung ...
	H4 Schlichten (tangentiales Anfahren der Kontur ...)
	H14 Schruppen und Schlichten mit gleichem Wz
E	Vorschub beim Eintauchen
F	Vorschub beim Fräsen in der XY-Ebene
S	Drehzahl/Schnittgeschwindigkeit
M	Zusatzfunktionen

Bearbeitungsbeispiel

Beispiel NC-Satz

```
N15 G73 ZA-15 R19,5 D3,5 V4 AK0,3 AL0,4 W7
N20 G79 X27,5 Y24,2    Zyklus für G73
```

Bearbeitungsbeispiel

Beispiel NC-Satz

```
N15 G73 ZA-14 R19 D3 V3 RZ8,2 AK0,3 AL0,4 W6
N20 G79 X27 Y24    Zyklusaufruf für G73
```

CNC-Technik PAL-Zyklen bei Fräsmaschinen

G74 Nutenfräszyklus (Längsnut)

NC-Satz mit verpflichtenden Adressen und Auswahl-Adressen
G74 ZI/ZA LP BP D V [W] [AK] [AL] [EP] [O] [Q] [H] [E] [F] [S] [M]

Verpflichtende Adressen:

ZI/ZA	Tiefe der Nut in der Zustellachskoordinate
	ZI inkremental ab Materialoberfläche
	ZA absolut in Werkstückkoordinaten
LP	Länge der Nut in X-Richtung
BP	Breite der Nut in Y-Richtung
D	maximale Zustelltiefe
V	Abstand der Sicherheitsebene von der Materialoberfläche

Auswahl-Adressen [...]:

W	Höhe der Rückzugsebene absolut in Werkstückkoordinaten
RN	Eckenradius der verrundeten Rechtecktasche
AK	Aufmaß auf den Taschenrand
AL	Aufmaß auf den Taschenboden
EP	Festlegung des Setzpunktes beim Zyklusaufruf (G76 ... G79)
	EP0, Taschenmittelpunkt
	EP1, EP2, EP3, EP4: Eckpunkte in den Quadranten 1 bis 4 eines Achsenkreuzes im Taschenmittelpunkt
DB	Fräserbahnüberdeckung in %
RH	Radius der Mittelpunktbahn der Helixzustellung
DH	Zustellung pro Helixumdrehung
O	Zustellbewegung
	O1 senkrechtes Eintauchen des Werkzeugs
	O2 Eintauchen des Werkzeugs in einer Helixbewegung
Q	Bearbeitungsrichtung
	Q1 Gleichlauf, Q2 Gegenlauf
H	Bearbeitungsart
	H1 Schruppen
	H4 Schlichten (tangentiales Anfahren der Kontur)
	H14 Schruppen und Schlichten mit gleichem Wz
E	Vorschub beim Eintauchen
F	Vorschub beim Fräsen in der XY-Ebene
S	Drehzahl/Schnittgeschwindigkeit
M	Zusatzfunktion

Bearbeitungsbeispiel

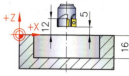

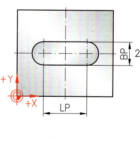

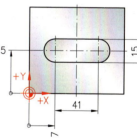

Beispiel NC-Satz

```
N15 G74 ZA-16 LP41 BP15 D3 V5 W12 AK0,3 AL0,4
N20 G79 X17 Y25; Zyklusaufruf an einem Punkt mit G79
```

G78 Zyklusaufruf an einem Punkt (mit Polarkoordinaten)

NC-Satz mit verpflichtenden Adressen und Auswahl-Adressen
G78 [I/IA] [J/JA] RP AP [Z/ZI/ZA] [AR] [W]

Verpflichtende Adressen:

I, IA		X-Koordinate des Drehpols
	I	X-Koordinate des Drehpols
	IA	X-Koordinate des Drehpols
J, JA		Y-Koordinate des Drehpols
	J	Y-Koordinate des Drehpols
	JA	Y-Koordinate des Drehpols
RP		Polradius
AP		Polwinkel bezogen auf die X-Achse

Auswahl-Adressen [...]:

Z, ZI, ZA	Z-Koordinate der Oberkante
AR	Drehwinkel des Objektes bezogen auf die X-Achse
W	Höhe der Rückzugsebene absolut in Werkstückkoordinaten

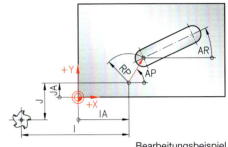

Bearbeitungsbeispiel

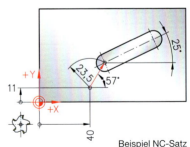

Beispiel NC-Satz

N15 G74 ZA-10 LP57 BP14 D3 W6 ...	Nutenfräszyklus mit G74
N20 G78 IA40 JA11 RP23,5 AP57 AR25	Zyklusaufruf G78

CNC-Technik PAL-Zyklen bei Fräsmaschinen

G79 Zyklusaufruf an einem Punkt (mit kartesischen Koordinaten)

NC-Satz mit verpflichtenden Adressen und Auswahl-Adressen
G79 [X/XI/XA] [Y/YI/YA] [Z/ZI/ZA] [AR] [W]

Auswahl-Adressen [...]:

X, XI, XA   X-Koordinate des ersten Punktes
Y, YI, YA   Y-Koordinate des ersten Punktes
Z, ZI, ZA   Z-Koordinate des ersten Punktes

AR Drehwinkel des Objektes bezogen auf die X-Achse
W   Rückzugsebene absolut in Werkstückkoordinaten
F   Vorschub
S   Drehfrequenz/Schnittgeschwindigkeit
M   Zusatzfunktionen

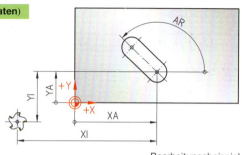

Bearbeitungsbeispiel

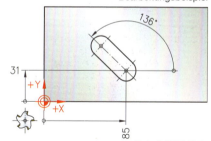

Beispiel NC-Satz

```
N15 G74 ZA... LP... BP... D...W... ; Nutenfräszyklus mit G74
N20 G79 XA85 YA31 AR136         ; Zyklusaufruf G79
```

CNC-Technik PAL-Zyklen bei Fräsmaschinen

G82 Tiefbohrzyklus mit Spanbruch
G83 Tiefbohrzyklus mit Spanbruch und Entspänen

NC-Satz mit verpflichtenden Adressen und Auswahl-Adressen
G82 ZI/ZA V D [DA] [VB] [DR] [DM] [U] [O] [E] [F] [S] [M]
G83 ZI/ZA V D [DA] [VB] [DR] [DM] [U] [O] [E] [FR] [F] [S] [M]

Verpflichtende Adressen:

ZI/ZA Tiefe der Bohrung
- ZI Tiefe inkremental ab Bohrungsoberkante
- A Tiefe absolut in Werkstückkoordinaten

V Sicherheitsabstand über der Bohrungsoberkante
D Zustelltiefe

Auswahl-Adressen […]:

- DA Inkrementale Anbohrtiefe der ersten Zustellung
- VB Rückzugsabstand vom aktuellen Bohrgrund
- DR Reduzierwert der letzten Zustelltiefe
- DM Mindestzustellung (ohne Vorzeichen)
- U Wartezeit am Bohrgrund (zum Spanbruch)
    - O1 Wartezeit in Sekunden
    - O2 Wartezeit in Umdrehungen
- E Anbohrvorschub
- F Vorschub
- S Drehfrequenz/Schnittgeschwindigkeit
- M Zusatzfunktionen

G83 Tiefbohrzyklus mit Spanbruch und Entspänen:
Er hat die gleichen Adressen wie **G82**, jedoch wird zum Entspänen auf den Sicherheitsabstand V gefahren und zusätzlich: FR Eilgangreduzierung in %

G0 Eilgang – – – ▸
G1 Vorschub ——▸

Bearbeitungsbeispiel

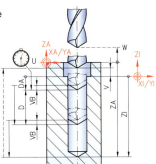 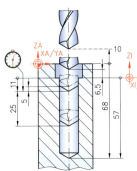

Beispiel NC-Satz

N10 …
N15 G82 ZI-57 D25 V6,5 W10 VB5 DR4 U1 O1 DA11
N20 G79 X… Y… Z…; Zyklusaufruf

CNC-Technik PAL-Zyklen bei Fräsmaschinen

G84   Gewindebohrzyklus

NC-Satz mit verpflichtenden Adressen und Auswahl-Adressen

G84   ZI/ZA F M V [W] [S]

Verpflichtende Adressen:
- ZI Tiefe ab Bohrungsoberkante inkremental
- ZA Tiefe in Werkstückkoordinaten absolut
- F   Gewindesteigung
- M   Werkzeugdrehrichtung beim Eintauchen
  - M3 Rechtsgewinde
  - M4 Linksgewinde
- V   Sicherheitsabstand zur Bohrungsoberkante

Auswahl-Adressen [...]:
- W   Rückzugsebene bezogen auf das Werkstückkoordinatensystem
- S   Drehfrequenz/ Schnittgeschwindigkeit

Bearbeitungsbeispiel

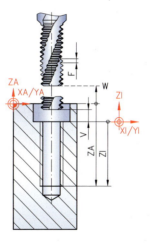
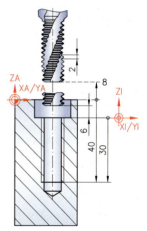

Beispiel NC-Satz

```
N10
N15 G84 ZI-30 F2 M3 V6 W8 S430
N20 G79 X... Y... Z...; Zyklusaufruf
```

CNC-Technik PAL-Zyklen bei Fräsmaschinen

G85 Reibzyklus

NC-Satz mit verpflichtenden Adressen und Auswahl-Adressen
G85 ZI/ZA [W] [E] [F] [S] [M]

Bearbeitungsbeispiel

Verpflichtende Adressen:
ZI/ZA Tiefe der Bohrung in der Zustellachse
    ZI Tiefe inkremental ab Bohrungsoberkante
    ZA Tiefe absolut in Werkstückkoordinaten
V   Sicherheitsabstand zur Bohrungsoberkante

Auswahl-Adressen [...]:
W   Rückzugsebene bezogen auf das Werkstückkoordinatensystem
E   Vorschubgeschwindigkeit für die Rückzugsbewegung
F   Vorschub
S   Drehfrequenz/Schnittgeschwindigkeit
M   Drehrichtung/Kühlmittelschaltung

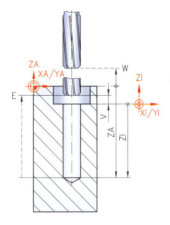
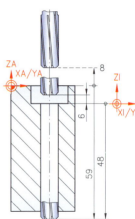

Beispiel NC-Satz

```
N15 G85 ZI-48 V6 W8 E220
N20 G79 X... Y... Z...; Zyklusaufruf
```

CNC-Technik PAL-Zyklen bei Fräsmaschinen

G75 Kreisbogennut-Fräszyklus

NC-Satz mit verpflichtenden Adressen und Auswahl-Adressen
G75   ZI/ZA BP RP AN/AO AN/AP D V [W] [AK] [AL] [EP] [Q] [H] [E] [F] [S] [M]

Verpflichtende Adressen:

ZI/ZA	Tiefe der Nut
	ZI Tiefe inkremental ab Oberkante Nut
	ZA Tiefe absolut in Werkstückkoordinaten
BP	Breite der Nut
RP	Radius der Nut (auf Mittellinie)
AN	Polarer Startwinkel bezogen auf die positive X-Achse und den Nutenanfangs-Mittelpunkt
AO	Polarer Öffnungswinkel zwischen den Mittelpunkten von Nutanfangshalbkreis und Nutabschlusshalbkreis
AP	Polarer Endwinkel bezogen auf die positive X-Achse sowie auf den Mittelpunkt des Endes der Nut (es sind stets nur zwei Polarwinkel zu programmieren)
D	Maximale Zustellung je Schnitt
V	Sicherheitsabstand

Auswahl-Adressen [...]:

EP	Festlegen des Einsetzpunktes für Zyklusaufruf der Nut
	EP0 Mittelpunkt der Kreisbogen-Nut
	EP1 Mittelpunkt des rechten Abschlusses des Halbkreises der Nut
	EP3 Mittelpunkt des linken Abschlusses des Halbkreises der Nut
W	Rückzugsebene, im Eilgang
AK	Aufmaß für Nutrand
AL	Aufmaß für Nutboden
Q	Bewegungsrichtung, Q1 Gleichlauffräsen, Q2 Gegenlauffräsen
H	Bearbeitungsart, H1 Schruppen, H4 Schlichten
	H14 Schruppen und Schlichten
E	Vorschub beim Eintauchen
F	Vorschub
S	Drehfrequenz/Schnittgeschwindigkeit
M	Zusatzfunktionen

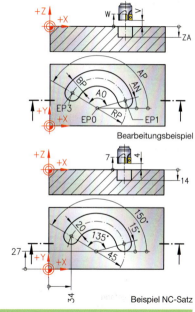

Bearbeitungsbeispiel

Beispiel NC-Satz

```
N15 G75 ZA-14 BP20 RP45 AN15 AP150 AK0,4 AL0,5 EP3 D4,5 V4 W7
N20 G79 X34 Y27; Zyklusaufruf G75 bei EP3
```

G76 Zyklusaufruf auf einer Geraden (Lochreihe)

NC-Satz mit verpflichtenden Adressen und Auswahl-Adressen
G76 [X/XI/XA] [Y/YI/YA] [Z/ZI/ZA] AS D O [AR] [W] [H]

Verpflichtende Adressen:

AS Winkel der Geraden bezogen auf die 1. Geometrieachse
- \+ entgegen dem Uhrzeigersinn
- \- im Uhrzeigersinn

D Abstand der Zyklusaufrufpunkte auf der Geraden
O Anzahl der Zyklusaufrufpunkte auf der Geraden

Auswahl-Adressen […]:

X, XI, XA X-Koordinate des ersten Punktes
- X X-Koordinate absolut oder inkremental (G90, G91)
- XI Differenz der Koordinaten zwischen der aktuellen Werkzeugposition und dem ersten Punkt auf der Geraden
- XA absolute Koordinateneingabe des Startpunktes

Y, YI, YA Y-Koordinate des ersten Punktes
- Y Y-Koordinate absolut oder inkremental (G90, G91)
- YI Differenz der Koordinaten zwischen der aktuellen Werkzeugposition und dem ersten Punkt auf der Geraden
- YA absolute Koordinateneingabe des Startpunktes

Z, ZI, ZA Z-Koordinate des ersten Punktes
- Z Z-Koordinate absolut oder inkremental (G90, G91)
- ZI Differenz der Koordinaten zwischen der aktuellen Werkzeugposition und dem ersten Punkt auf der Geraden
- ZA absolute Koordinateneingabe des Startpunktes

AR Drehwinkel bezogen auf die positive X-Achse
W Rückzugsebene absolut
H Rückfahrposition
- H1 Sicherheitsebene wird zwischen zwei Positionen angefahren und nach der letzten Position
- H2 Rückzugsebene wird zwischen zwei Positionen angefahren

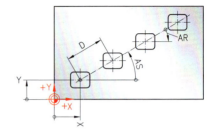

Bearbeitungsbeispiel

Rechtecktaschenzyklus mit G72 Z–6

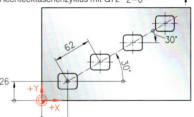

Beispiel NC-Satz

```
N15 G72 ZA-6 LP32 BP24 RN4 …; Definition Rechtecktasche mit G72
N20 G76 X42 Y26 Z0 AS30 D62 O4 AR-30 ; Zyklusaufruf
```

CNC-Technik PAL-Zyklen bei Fräsmaschinen

G77 Zyklusaufruf auf einem Teilkreis (Lochkreis)

NC-Satz mit verpflichtenden Adressen und Auswahl-Adressen
G77 [I/IA] [J/JA] [Z/ZI/ZA] R AN/AI AI/AP O [AR] [W] [H] [FP] [S] [M]

Verpflichtende Adressen:
- R   Radius des Teilkreises
- AN Polarwinkel des ersten Objektes
- AI Teilungswinkel
- AP Polarwinkel des letzten Objektes
- O   Anzahl der Objekte auf dem Teilkreis

Auswahl-Adressen [...]:
- I   Differenz der X-Koordinate zwischen Kreismittel- und Startpunkt
- IA   X-Koordinate absolut des Kreismittelpunktes
- J   Differenz der Y-Koordinate zwischen Kreismittel- und Startpunkt
- JA   Y-Koordinate absolut des Kreismittelpunktes
- Z   Eingabe absolut/inkremental durch G90/G91
- ZI   Differenz der Z-Koordinate zwischen Werkzeug-Istposition und Mittelpunkt des Teilkreises
- ZA   absolute Koordinate des Zielpunktes
- AR   Drehwinkel zur positiven ersten Geometrieachse
- Q   Orientierung des zu bearbeitenden Objektes
  - Q1 Mitdrehen des Objektes
  - Q2 Orientierung beibehalten
- W   Rückzugsebene absolut
- H   Rückzug nach Einzelobjekt
  - H1 nach Ende der Bearbeitung Sicherheitsabstand V anfahren
  - H2 nach Ende der Bearbeitung Rückzugsabstand W anfahren
  - H3 wie H1, jedoch Anfahrt der nächsten Position auf dem Teilkreis
- FP   Positioniervorschub auf dem Teilkreis
- S   Drehfrequenz/Schnittgeschwindigkeit
- M   Drehrichtung/Kühlmittelschaltung

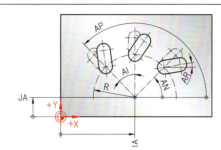

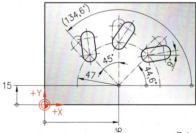

Bearbeitungsbeispiel

Beispiel NC-Satz

```
N15 G74 ZA-6 LP32 BP13... ; Längsnut mit G74
N20 G77 R47 AN44,6 AI45 AR9 O3 IA96 JA15; Zyklusaufruf
```

G87 Bohrfräszyklus

NC-Satz mit verpflichtenden Adressen und Auswahl-Adressen
G87 ZI/ZA R D V [W] [BG] [F] [S] [M]

Verpflichtende Adressen:
ZI/ZA Tiefe der auszuarbeitenden Bohrung
  ZI Tiefe der Bohrung inkremental ab Oberkante
  ZA Tiefe der Bohrung absolut bezogen auf das Werkstück-Koordinatensystem
R   Radius der auszufräsenden Bohrung
D   Zustellung je Schraubenlinie (Steigung: Helix-Bewegung)
V   Sicherheitsabstand von der Oberkante Bohrung

Auswahl-Adressen [...]:
W   Rückzugsebene bezogen auf das Werstück-Koordinatensystem
BG2 Bearbeitungsrichtung im Uhrzeigersinn
BG3 Bearbeitungsrichtung entgegen dem Uhrzeigersinn
F   Vorschub
S   Drehfrequenz/Schnittgeschwindigkeit
M   Zusatzfunktionen

Bearbeitungsbeispiel

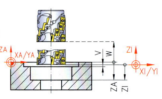
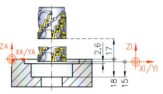
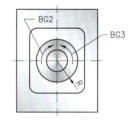
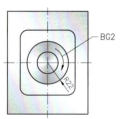

Beispiel NC-Satz

```
N15 G87 ZI-15 R22 D3 V2,6 W17 BG2
N20 G79 X... Y... Z... ; Zyklusaufruf
```

CNC-Technik

Technologische bzw. Schaltinformation

F = Vorschub, **S = Umdrehungsfrequenz** (Drehzahl) der Arbeitsspindel, **T 01 = Werkzeug**, wie Fräser, Drehmeißel o.a., sowie **M = Zusatzfunktionen** müssen für jedes herzustellende Werkstück, Teil, somit Teileprogramm, festgelegt und in das Programmblatt eingetragen werden.

Nachfolgende Tabelle zeigt einen Auszug der wichtigsten **Zusatzfunktionen M**:

Zusatzfunktionen, Adressbuchstaben M:

Code	Funktion	Code	Funktion
M 00	Programmierter Halt	M 19	Spindel-Halt in definierter Endstellung
M 01	Wahlweiser Halt	M 30	Programmende mit Rücksetzen (Reset)
M 02	Programmende	M 31	Aufheben einer Verriegelung
M 03	Spindel im Uhrzeigersinn	M 40-45	Getriebeschaltung oder vorläufig frei verfügbar
M 04	Spindel im Gegenuhrzeigersinn	M 48	Überlagerung wirksam
M 05	Spindel Halt	M 49	Überlagerung unwirksam
M 06	Werkzeugwechsel	M 58	konstante Spindeldrehzahl AUS
M 07	Kühl(schmier)mittel 2 EIN	M 59	konstante Spindeldrehzahl EIN
M 08	Kühl(schmier)mittel 1 EIN	M 60	Werkstückwechsel
M 09	Kühl(schmier)mittel AUS		
M 10	Klemmung EIN	Nicht aufgeführte Zusatzfunktionen bis M 99 sind teils frei verfügbar.	
M 11	Klemmung lösen (Werkstück)		
Freie Zusatzfunktionen (M-Funktionen) nach PAL			
M 13	Spindeldrehung rechts, Kühlmittel ein	M 17	Unterprogramm Ende
M 14	Spindeldrehung links, Kühlmittel ein	M 60	Konstanter Vorschub
M 15	Spindel und Kühlmittel aus	M 61	M 60 + Eckenbeeinflussung

Adressenzuordnung in einem Programmblatt

Unterhalb der Begriffe **Wegbedingung, Koordinatenachse** u. a. im Programmblatt S. 192 befinden sich die Angaben **N, G, X, Y, Z, F, S, T, M.** Diese und weitere Buchstaben sind in nachstehender Tabelle als Adresse genormt.

Adressenzuordnung

Buchstabe	Bedeutung	Buchstabe	Bedeutung	Buchstabe	Bedeutung
A	Drehbewegung um X-Achse	K	Interpolationsparameter oder Gewindesteigung parallel zur Z-Achse	S	Spindeldrehfrequenz
B	Drehbewegung um Y-Achse			T	Werkzeug
C	Drehbewegung um Z-Achse			U	zweite Bewegung parallel zur X-Achse
D	Werkzeugkorrekturspeicher	L	(frei verfügbar)		
E	Zweiter Vorschub	M	Zusatzfunktion	V	zweite Bewegung parallel zur Y-Achse
F	Vorschub	N	Satz-Nummer		
G	Wegbedingung	O	(frei verfügbar)	W	zweite Bewegung parallel zur Z-Achse
H	(frei verfügbar)	P	dritte Bewegung parallel zur X-Achse		
I	Interpolationsparameter oder Gewindesteigung parallel zur X-Achse	Q	dritte Bewegung parallel zur Y-Achse	X	Bewegung in Richtung der X-Achse
				Y	Bewegung in Richtung der Y-Achse
J	Interpolationsparameter oder Gewindesteigung parallel zur Y-Achse	R	dritte Bewegung parallel zur Z-Achse oder Bewegung im Eilgang in Richtung der Z-Achse	Z	Bewegung in Richtung der Z-Achse

CNC-Technik

Kreisprogrammierung

Fast alle schwierigen Konturen beim Drehen und Fräsen lassen sich in Geraden und Kreisbögen zerlegen.
Für die Programmierung von Kreibögen hat sich das Programmierverfahren nach **Endpunk** und **Mittelpunkt** der Kreisbearbeitung durchgesetzt.
Für die eindeutige Berechnung der Kreisbahn sind folgende Angaben für die Steuerung erforderlich:

1. Drehsinn der Kreisbewegung

   $\boxed{G\ 02}$ = im Uhrzeigersinn bzw.

   $\boxed{G\ 03}$ = im Gegenuhrzeigersinn

2. Ebenenfestlegung

   $\boxed{G\ 17}$ = X-Y Ebene

   $\boxed{G\ 18}$ = X-Z Ebene

   $\boxed{G\ 19}$ = Y-Z Ebene

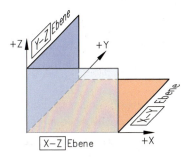

3. Koordinaten des **Endpunktes** der Kreisbearbeitung

4. Koordinaten des **Kreismittelpunktes M** der Kreisbearbeitung; Interpolationsparameter **I, J, K** genannt.

Man programmiert **I, J, K** inkremental (oder in Ausnahmefällen absolut) vom Ausgangspunkt der Kreisbearbeitung aus.

CNC-Technik

Bei inkrementaler Eingabe von **I, J, K** wird der **Mittelpunkt M** der Kreisbearbeitung von dem Punkt an gemessen, an dem das Werkzeug (Fräser, Drehmeißel) seine Kreisbearbeitung beginnt.

Die Koordinate des Mittelpunktes **M** in **X**-Richtung bezeichnet man mit **I**.
Die Koordinate des Mittelpunktes **M** in **Y**-Richtung bezeichnet man mit **J**.
Die Koordinate des Mittelpunktes **M** in **Z**-Richtung bezeichnet man mit **K**.

Moderne CNC-Steuerungen gestatten es, den **Radius R** des **Kreismittelpunktes M** der Kreisbearbeitung direkt einzugeben anstatt die Adressen **I, J, K**.

Zusammenhang von Ebenenfestlegung, Koordinatenachsen und Interpolationsparametern:

Ebene	Koordinatenachsen	Interpolationsparameter
G 17	$\pm X \pm Y$	$\pm I \pm J$
G 18	$\pm X \pm Z$	$\pm I \pm K$
G 19	$\pm Y \pm Z$	$\pm J \pm K$

CNC-Technik | 215

Kreisprogrammierung mit X und Y absolut, sowie I und J inkremental

In diesen Beispielen geht es nur um die Erkenntnisse der Kreisprogrammierung mit `G 02`, `G 03`, wobei die **X**- und **Y**-Werte der Endpunkte P_1 der Kreisbearbeitung absolut eingegeben werden, die **I**- und **J**-Werte aber inkremental programmiert sind. Die I- und J-Werte sind vom Startpunkt P_0 zum **Mittelpunkt M** zu messen und einzugeben.

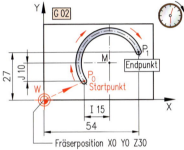
Fräserposition X0 Y0 Z30

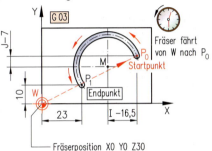
Fräserposition X0 Y0 Z30

Satz-Nr.	Wegbedingung		Koordinaten			Interpolations-parameter		
N	G		X	Y	Z	I	J	K
N40	G02	G17	X54	Y27	–	I15	J10	–
Satz-Nr. N40	Kreisinterpolation im Uhrzeigersinn	Ebenenfestlegung X+Y E	nach X 54 mm zum Endpunkt	nach Y 27 mm zum Endpunkt		M ist 15 mm vom Startpunkt entfernt	M ist 10 mm vom Startpunkt entfernt	

N	G		X	Y	Z	I	J	K
N40	G03	G17	X23	Y10	–	I–16,5	J–7	–
Satz-Nr. N40	Kreisinterpolation im Gegenuhrzeigersinn	Ebenenfestlegung X+Y E	nach X 23 mm zum Endpunkt	nach Y 10 mm zum Endpunkt		Von P_0 –16,5 mm zum Mittelpunkt M	Von P_0 –7 mm zum Mittelpunkt M	

CNC-Technik

Kreisprogrammierung mit der Absoluteingabe von X, Y, I, J

In diesen zwei Fräsbeispielen sind die **X**- und **Y**-Werte sowie die Interpolationsparameter **I** und **J** absolut programmiert.
Die Eingabe der Koordinaten **X** und **Y** erfolgt vom Endpunkt P_1 der Kreisbewegung aus.
Die Eingabe der Interpolationsparameter **I** und **J** erfolgt vom **Kreismittelpunkt M** aus.

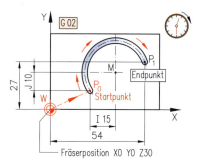
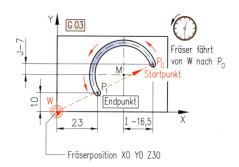

N	G		X	Y	Z	I	J	K
N50	G02	G17	X54	Y27	–	I38	J20	–

N	G		X	Y	Z	I	J	K
N50	G03	G17	X23	Y10	–	I38	J20	–

CNC-Technik

Fräserradius-Korrektur mit G 41 und G 42

Bei modernen CNC-Steuerungen ist es nicht erforderlich, die teils sehr komplizierte Fräsermittelpunktbahn mit den dazugehörenden Stützpunkten zu programmieren.

Mit den Bahnkorrektur-Befehlen G 41 oder G 42 und der Eingabe des Fräserradius, errechnet die Steuerung automatisch die richtige Fräsermittelpunktbahn, um das Werkstück ohne Konturfehler zu fräsen.
Somit braucht der Progammierer lediglich die Werkstück-Koordinaten, bzw. die Zeichnungsmaße einzugeben.

Mit G 40 wird die Werkzeugkorrektur gelöscht.

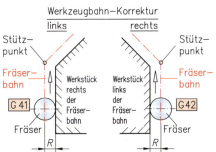

Vorteile:
- bei Wechsel der Fäserdurchmesser errechnet die Steuerung die Fräsermittelpunktbahn neu; d.h. andere Fräserradien werden berücksichtigt
- die Werkstückkontur kann direkt nach Zeichnungsmaßen programmiert werden
- Konturfehler werden vermieden, weil die Steuerung die Stützpunkte der Fräsermittelpunktbahn berechnet

G 41 = Werkzeugbahnkorrektur links, der Fräser arbeitet links vom Werkstück

G 42 = Werkzeugbahnkorrektur rechts, der Fräser arbeitet rechts vom Werkstück

G 40 = Löschen der Werkzeugbahnkorrektur

CNC-Technik

Schneidenradius-Korrektur

Beim Drehen wird die Formgenauigkeit nicht achsparalleler Drehkörper (wie **Kegel, Radien, Kurven, Kugel**) durch eine Schneiden-Radius-Korrektur erreicht.

Diese Korrektur erfolgt mittels moderner CNC-Steuerungen automatisch und liefert fehlerfreie Drehkonturen.

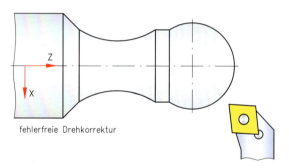

Schneidenradius–Korrektur

fehlerfreie Drehkorrektur

Vorsatzzeichen

Vorsatzzeichen nach DIN 1301 für dezimale Vielfache und Teile

Zehner-potenz	Bezeichnung	Vorsatz	Kurz-zeichen	Einheiten mit Vorsatz und Beispiele	
10^{12}	Billion	Tera	T	TΩ	Teraohm
10^{9}	Milliarde	Giga	G	GHz	Gigaherz
10^{6}	Million	Mega	M	MW	Megawatt
10^{3}	Tausend	Kilo	k	kW	Kilowatt
10^{2}	Hundert	Hekto	h	hl	Hektoliter
10^{1}	Zehn	Deka	da	daN	Dekanewton
10^{-1}	Zehntel	Dezi	d	dm	Dezimeter
10^{-2}	Hundertstel	Zenti	c	cm	Zentimeter
10^{-3}	Tausendstel	Milli	m	mm	Millimeter
10^{-6}	Millionstel	Mikro	μ	μV	Mikrovolt
10^{-9}	Milliardstel	Nano	n	nF	Nanofarad
10^{-12}	Billionstel	Pico	p	pF	Picofarad

Griechisches Alphabet

A α	B β	Γ γ	Δ δ	E ε	Z ζ	H η
Alpha (a)	Beta (b)	Gamma (g)	Delta (d)	Epsilon (e)	Zeta (z)	Eta (e)
Θ ϑ	I ι	K $\varkappa$	Λ λ	M μ	N ν	Ξ ξ
Theta (th)	Jota (i)	Kappa (k)	Lambda (l)	Mü (m)	Nü (n)	Xi (x)
O o	Π π	P ϱ	Σ σ	T τ	Υ υ	Φ φ
Omikron (o)	Pi (p)	Rho (r)	Sigma (s)	Tau (t)	Ypsilon (ü)	Phi (ph)
		X χ	Ψ ψ	Ω ω		
		Chi (ch)	Psi (ps)	Omega (o)		

Sachwortverzeichnis Teil I, Formelsammlung

A

Abscheren, Scheren, Stanzen 84
Absolute Temperatur 14, 103
Absoluter Druck, Überdruck 102, 103
–, Nullpunkt 98
Abtragvolumen Erodieren 154
Aceton 106
Acetylenverbrauch 106
Achsabstand Zahnräder 93, 94, 96, 97
–, Außenverzahnung 93
–, Innerverzahnung 94
Addieren von Kräften 58, 59
Allgemeine Gasgleichung 103
Amontons, Gesetz von 104
Arbeit, elektrische 15, 163, 167
–, mechanische 14, 70, 73
–, mechanische Hubarbeit 73
Atmosphärischer Druck 102
Arbeitskolben 111
Aufdruckkraft 108
Auflagerkräfte, Drehmomente 62
Auftrieb in Flüssigkeiten 108
Ausdehnungskoeffizient 98, 99
Ausgleichsteilen 147
Ausnutzungsgrad Scherschneiden 155
Axiales Widerstandsmoment 134, 135

B

Bandsäge, Hauptnutzungszeit 137
Beschleunigung, Verzögerung 12, 51, 55, 56
Bewegung, beschleunigte 51, 52, 55
–, geradlinige 51, 52
–, verzögerte 55
Beziehungen zw. Einheiten 10–15
Biegebeanspruchung 134
Biegemoment 134
Biegespannung 134
Blechtafelgröße b. Kegelabwicklung 39
Bogenlänge, -maß 28–30
Bohren, Hauptnutzungszeit 130
Boyle-Mariotte, Gesetz von 104
Brenngasvolumen 101
Brennstoffe, feste, flüssige 101
Bruchdehnung 79, 80
– einschnürung 80

C

Celsius 14, 98–100
Cosinussatz, Sinussatz 27
– Flächenberechnung 27

D

Darstellen von Kräften 58
Dehngrenze 79, 80
Dehnung 79, 80
– bei Kunststoffen 85
Dichte 13, 49, 76, 107, 108
– der Flüssigkeit 107, 108
Differenzialteilen 147
Direktes Teilen 146
Drahtlängen b. Zug-, Druckfedern 57
Drehen 118, 121–127
Drehen, Rautiefe theor. 125
Drehmoment 13, 60–63, 77
– bei mechanischer Leistung 77
– bei Pumpenleistung 114
– bei Zahnradtrieben 63
Drehpunkt 60–62
Drehstrom, Stern-, Dreieckschaltung 159, 160
Drehwinkel b. Zahnstangentrieb 95
Drehzahl, Umdrehungsfrequenz 11
Dreieck, – ohne Breitenmaß 20
– gleichschenkliges 21
– gleichseitiges 21
– rechtwinkliges 20
– Schaltung, Elektrotechnik 159, 160

Sachwortverzeichnis Teil I, Formelsammlung

Dreiecksarten 20, 21
Dreiphasen-Wechselstrom 159, 160
Druck 13
– beanspruchung 81
– feder u. Drahtlänge 57
– festigkeit 81
–, hydrostatischer 107, 108
– kraft 81, 82
– schwerer, Schweredruck 107
– spannung 81
– übersetzer, Hydraulik 115
Durchflussgeschwindigkeit, Kontinuitätsgleichung 112

E

Ebener Winkel 11
Eckenradius, Rautiefe b. Drehen 125
Einfacher Riementrieb 86
Einfacher Zahntrieb 89
Einseitiger Hebel 60
Elastizitätsmodul, Hooke'sches Gesetz 80, 134
Elektrische Arbeit 15, 16, 163
– Leistung 15, 16, 162
– Leitfähigkeit 15
– Spannung 15

Elektrischer Leiterwiderstand 156
– Strom, – Widerstand 15
Elektrotechnik 15, 156–163
Ellipse 32
Energie 14, 73, 74
– der Bewegung 74
– der Lage 73
–, kinetische 74
–, potenzielle 73, 74
–, Verbrauch 101
Erdbeschleunigung, Fallbeschleunigung 12, 51, 55, 56, 73, 76, 107, 108
Erodieren 154
Euklid, Lehrsatz 25

F

Fallbeschleunigung, Erdbeschleunigung 12, 51, 55, 56, 73, 76, 108
– höhe 55
Federenergie 74
Feder, konstante 57
– kraft, Hooke'sches Gesetz 57
– rate, -weg 57, 74
Feste Rolle 67
Festigkeitsberechnung 79–84, 134

Flächen 10
– berechnung 18–32
– bezogene Massen 13, 50
– moment 2. Grades 134
– pressung 82
–, zusammengesetzte 24
Flachschleifen, Hauptnutzungszeit 141, 142
Flaschenzug 68
Fliehkraft 58
Flüssigkeitsdruck, Hydraulik 109–115
Fördervolumen 76
Fräsen, Hauptnutzungszeit 137–140
–, Wendelnuten 148, 149
Freier Fall 55
Funkenerosion, Schneiden, Senken 154
Füllvolumen 106
Fußkreisdurchmesser 96, 97

G

Gangzahl, Schnecke 92
Gasgleichung, allgemeine 103
– verbrauch, Sauerstoff, Brenngas 105, 106

Sachwortverzeichnis Teil I, Formelsammlung

Gasvolumen 103–106
Gay-Lussac, Gesetz von 104
Geradlinige Bewegung 51
Gesamtwirkungsgrad 78
Geschwindigkeit 12, 52, 54, 55, 65, 74, 75
– beim Sägen, mittlere 136
–, Durchflussgeschwindigkeit, Kontinuitätsgleichung 112
–, geradlinige 52
–, gleichförmige 52
–, Kolben 113
–, Zahnstangentrieb 95
Gestreckte Längen b. Ringbogen 33
–, zusammengesetzte 33
Gewichtskraft 13, 56
Gewindetrieb 72
– schneiden Hauptnutzungszeit 133
Gleichförmige Bewegung 52
– Kreisbewegung 52, 53
Gleichmäßige beschleunigte, verzögerte Bewegung 55
Gleichschenkliges Dreieck 21
Gleichseitiges Dreieck 21
Gleit-, Haft-, Rollreibung 64
Grad 11

Grad Celsius 14, 98–100
Griechisches Alphabet 219
Guldin'sche Regel 43

H

Haft-, Gleit-, Rollreibung 64–66
Hangabtriebskraft 70
Hauptnutzungszeit 121–127, 130–133, 136–144
–, Abtragen, Funkenerosion 154
–, Bohren, Reiben 130, 131
–, Drehen 121–127
–, Erodieren 154
–, Fräsen mittig, Stirn-Planfräsen 139
–, Fräsen, Stirnumfangs-Planfräsen 138
–, Fräsen, Umfangs-Planfräsen 137
–, Fräsen von Nuten 140
–, Gewindeschneiden 133
–, Langdrehen 121, 122
–, Plandrehen 123–127
–, Sägen, Bandsägen 136
–, Schleifen, Flachschleifen 141, 142
–, Schleifen, Rundschleifen 143, 144
–, Senken 132

Hebelgesetze 60, 61
Heizwert, spezifischer, fest 14, 101
–, flüssig, gasförmig 101
Höhensatz 25
Hohlzylinder 38
Hooke'sches Gesetz 57, 80
–, Elastizitätsmodul 80, 134
Hubarbeit 73
Hydraulik 109–115
Hydraulische Presse 111
–, Übersetzung 111
Hydrostatischer Druck 107, 108

I

Indirektes Teilen 146
Innenverzahnung, Achsabstand 94

K

Kathetensatz 25
Kegel, Kegelabwicklung 39
– drehen 128, 129
– neigung 128, 129
– stumpf 40
– verhältnis 128
– verjüngung 128, 129
– winkel 128

Sachwortverzeichnis Teil I, Formelsammlung

Keil, Treibkeil, Schiefe Ebene 71
Kelvin 14, 98–100
Kinetische Energie 74
Kolbendruckkraft 109
– geschwindigkeit, mittlere 54, 113
Kolbenkräfte, Hydraulik 110
Kontinuitätsgleichung, Durchflussgeschwindigkeit 112
Kopfkreisdurchmesser 96, 97
Kopfspiel bei Zahnrädern 96, 97
Korrekturfaktoren für Fertigungsverfahren 117
Kraft, Beschleunigung 13, 51, 56
Kräfte addieren, – subtrahieren 58, 59
Kräfte an der Schraube 72
Kräfte bei Beschleunigung, Verzögerung 56
Kräfte darstellen 58–62
Kräftemaßstab 58, 59
Kreis 28
– abschnitt 28, 29
– ausschnitt 29, 30
– bewegung, gleichförmige 52, 53
– ring 30, 31
– ringausschnitt 31
Kugel 43
– abschnitt, Kalotte 44
– ausschnitt, -sektor 45
– zone, -schicht 46, 47
Kunststoffzugversuch 85
Kurbelgeschwindigkeit, mittlere 54
Kurbeltrieb 54

L

Lageenergie, potenzielle Energie 73
Langdrehen 121, 122
Längen 10
Längenausdehnung, -änderung 98
Längenausdehnungskoeffizient 98
Längenbezogene Masse 13, 50
Längs-Rundschleifen, Hauptnutzungszeit 143, 144
Längenteilung 34
Lehrsatz des Euklid 25
Leistung 14, 75, 76, 77
– bei Drehbewegung, Drehen 77, 117
– bei Pumpen 76, 114
–, elektrische 14, 15, 162
–, mechanische 14, 75, 76, 77
–, Reibung 65
Leiterwiderstand, elektrischer 156
Leitfähigkeit, elektrische 15

Lochabstände 34
Lose Rolle 67
Luftdruck 102, 116
– verbrauch einfach- u. doppeltwirkender Zylinder 116

M

Mariotte'sches (Boyle-)Gesetz 104
Mantelabwicklung Zylinder 37
Masse 12, 13, 49, 50, 51, 56, 58, 73, 74, 100, 101
–, flächenbezogene 13, 50
–, längenbezogene 13, 50
–, zusammengesetzte 49
Masseberechnung 49–50
Mechanische Arbeit 14, 73
– Leistung 14, 75, 77
– Spannung 13, 79–85
Mehrfacher Hebel 61
– Riementrieb 87, 88
Mehrfacher Zahntrieb 90, 91
Mischungstemperatur 109
–, rechnung 109
Mittlere Kolbengeschwindigkeit 54
– Kurbelgeschwindigkeit 54
Modul 93–97

Sachwortverzeichnis Teil I, Formelsammlung

N
Nebenwinkel 17
Neigung, Steigung 35
Neigungsverhältnis 35
Normalkraft, Hangabtriebskraft 70
Nutenfräsen, Hauptnutzungszeit 140

O
Oberflächenberechnung 36–46
Oberflächengüte erreichbare, Drehen theoretisch 125
Oberschlitten verstellen, Kegeldrehen 128
Ohm'sches Gesetz 156

P
Parallelogramm (Rhomboid) 19
Parallelschaltung von Widerständen 158
Plandrehen 123–127
Pneumatik 116
Potenzielle Energie 73, 74
Presse, Hydraulische 111
Primärspule, Sekundärspule 163
Prisma, Quader 36
Prozentrechnung 16

Pumpenkolben 111
Pumpenleistung 76, 114
Pyramide 41
Pyramidenstumpf 42
Pythagoras 24

Q
Quader, Prisma 36
Quadrat 18
Quetschgrenze, Druckbeanspruchung 81

R
Räderwinde, Seilwinde 69, 70
Radiant 11
Randabstand, Teilung 34
Raute, Rhombus 18
Rautiefe, theor. b. Drehen 125
Rechteck 18
Rechtwinkliges Dreieck 20
Regelmäßiges Vieleck 22, 23
Reiben Hauptnutzungszeit 131
Reibung 64–66
– am Ringzapfen 66
– am Zapfen/Lager 65
Reibungsarbeit 66

– kraft 66
Reibungsmoment 65, 66
– leistung 65
– zahl 64–66
Reihenschaltung v. Widerständen 157
Reitstockverstellung Kegeldrehen 129
Resultierende bei Kräften 58, 59
Rhomboid, Parallelogramm 19
Rhombus (Raute) 18
Riementrieb 86–88
Rohlängen f. Schmiede- u. Pressteile 47, 48
Rolle, fest, lose, Anzahl 67, 68
Roll-, Gleit-, Haftreibung 64
Rundschleifen, Hauptnutzungszeit 144, 145

S
Sägen, Hauptnutzungszeit 136
Scheitelwinkel, Neben-, Stufen-, Wechsel- 17
Scherbeanspruchung 83, 84
– festigkeit, maximale 83, 84
– fläche 84

Sachwortverzeichnis Teil I, Formelsammlung

- fließgrenze 83
- kraft 83, 84
- schneiden 84, 155
- spannung 83, 84
- Schiefe Ebene 70, 71
- Schleifen, Hauptnutzungszeit 142–145
- Schmelzwärme, spezifische 101
- Schmieden 101
- Schmiede- und Pressteile 47, 48
- Schnecke 92
- Schneckenrad 92
- – trieb 92
- Schneidkraft, Schneiden 84
- Schnittgeschwindigkeit 86
- –, Bohren 130
- –, Drehen 121–127
- –, Fräsen und Nutenfräsen 137–140
- –, Gewindeschneiden, -bohren 133
- –, Reiben 131
- –, Sägen, Bandsägen 136
- –, Schleifen 141–144
- –, Senken 132
- Schnittgeschwindigkeit b. spezifischer Schnittkraft 118–120
- –, Bohren 119
- –, Drehen 118
- –, Stirn-Planfräsen 120
- Schnittigkeit 83
- Schnittkraft, spezifische 117–120
- –, Bohren 119
- –, Drehen 118
- –, Fräsen 120
- Schnittleistung, spezifische 118–120
- –, Bohren 119
- –, Drehen 118
- –, Stirn-Planfräsen 120
- Schraubenkraft 72
- Schweißen, Gasverbrauch 105, 106
- Schweredruck 107
- Schwindung, Schwindmaß 102
- Sechseck 22
- Sehnenlänge 28–30
- Seilwinde, Räderwinde 69, 70
- Seitendruck 107
- Sekundärspule, Primärspule 163
- Senken, Hauptnutzungszeit 132
- Sicherheitszahl 79, 81, 83, 84
- Sinussatz, Cosinussatz 27
- Spannung, elektrische 15, 157–167
- –, mechanische 13, 79–84
- Spannungs-Dehnungs-Diagramm 79
- Spannungs-Dehnungs-Kurven, Kunststoffe 85
- Spannungsquerschnitt 118–120
- Spezifische Schnittkraft 117–120
- –, Bohren 119
- –, Drehen 118
- –, Stirn-Planfräsen 120
- Spezifische Schmelzwärme 101
- –, Wärmekapazität 100, 109
- Spezifischer Widerstand, elektrischer 15, 157–160, 164, 165, 167
- – Heizwert 14, 101
- Spezifisches Abtragvolumen 155
- Stanzen, Scherbeanspruchung 84
- Stauchgrenze, Druckbeanspruchung 81
- Steigung, Neigung 35
- Sternschaltung, Elektrotechnik 161, 162
- Stern-, Dreieckschaltung 159, 160
- Stirn-Planfräsen, mittig 139
- Stirnumfangs-Planfräsen 138
- Strahlensatz 27
- Streckgrenze 79–83, 134
- Streckenlast 134

Sachwortverzeichnis Teil I, Formelsammlung

Streifenausnutzung Scherschneiden 155
–, breite 155
–, Vorschub Scherschneiden 155
Stromstärke 15, 157–167
Strömungsgeschwindigkeit 112
Stufenwinkel 17
Subtrahieren von Kräften 59

T

Tabelle Winkelfunktionswerte, wichtige 26
Teilen, Differenzialteilen, Ausgleichsteilen 147
Teilen, direktes 145
–, indirektes 146
Teilkopf 145–149
Teilkreisdurchmesser 93–97
Teilung bei Zahnrädern 95–97
– von Längen 34
Temperatur 14, 98–100
– einheiten 98
–, thermodynamische 14, 98
Tiefziehen 150–153
Tiefziehkraft 152
–, Bodenreißkraft 152
–, Niederhalterkraft 152
– spalt, Maße 153
– stufen 151
– verhältnis 151
– ziehring, Maße, Radius 153
Transformator 161
Trapez 19
Treibkeil, Keil, Schiefe Ebene 71
Trennen durch Scherschneiden 156
Trennen von Bauteilen 35

U

Überdruck 102, 105, 106, 110, 114–116
Übersetzung 86–92
– ins Langsame, Schnelle 86, 88, 89, 91, 92
– Verhältnis 63, 86–93, 147–150
Umdrehungsfrequenz (Drehzahl) 11, 52–54, 63, 65, 77, 86–92 u. a.
Umfangs-Planfräsen u. Stirn- 137, 138
Umfangsgeschwindigkeit 52, 53, 58, 77, 86
Umfangs-Planschleifen, Hauptnutzungszeit 141, 142

V

Verbrennungswärme 101
Verdampfungswärme, spezifische 101
Verjüngung beim Kegeldrehen 128, 129
Verschnitt b. Flächen 32
Verzögerung, Beschleunigung 12, 55, 56
Vieleck, regelmäßiges 22, 23
Vierkantprisma 36
Volumen 10
Volumenberechnung 36–47
– änderung, Wärmetechnik 99
– ausdehnung 99
– ausdehnungskoeffizient 99
– ströme 76, 112–114
Vorsatzzeichen nach DIN, CNC 198
Vorschubgeschwindigkeit 72
–, Bohren 130
– Drehen 121–124, 126, 127
–, Erodieren 155
–, Fräsen 120, 137–140
–, Gewindetrieb 72
–, Reiben 131–133
–, Sägen, Bandsägen 136
–, Schleifen 141–144
–, Zahnstangentrieb 95

Sachwortverzeichnis Teil I, Formelsammlung

W

Wärme b. Schmelzen o. Verdampfen 101
Wärmekapazität, spezifische 100
– durchgangskoeffizient 100
– lehre 98–101
– leitfähigkeit 100
– menge 14, 100
– mischung 109
– strom bei Wärmeleitung 100
– technik 98–101
Wechselwinkel 17
Wendelnutenfräsen 148, 149
Widerstand, elektrischer 15, 156–160, 161–163
–, spezifischer, elektrischer 15, 156
Widerstandsmomente 134, 135
Winde, Räderwinde 69, 70
Windungen v. Federn 57
Winkelarten 17
Winkel, ebener 11
Winkelfunktionen 26
– funktionswerte, wichtige 26
– geschwindigkeit 12, 52, 53, 58, 65, 77
– hebel 61
– summe im Dreieck 20
Wirkungsgrad 78, 114, 115, 118–120
– bei spezifischer Schnittkraft 118–120
Wirkungslinie, gleiche, verschiedene 58, 59
Würfel 36
Wurfhöhe 55

Z

Zahl der Rollen b. Flaschenzug 68
Zahnfußhöhe 96, 97
– kopfhöhe 96, 97
Zahnradberechnung 89–97
– maße 96, 97
Zahnradtrieb, einfacher, mehrfacher 89–95
–, Drehmoment 63
–, Stangentrieb 95
Zahnstangentrieb 95
– weg 95
Zapfenreibung 65, 66
Zeichnerische Lösung von Kräften 58, 59
Zeit 11
Zeitspanungsvolumen 118–120
–, Bohren 119
–, Drehen 118
–, Stirn-Planfräsen 120
Ziehstufen 151
– Ziehring 153
– Ziehspalt 153
– Ziehverhältnis 151
Zinsrechnung 16
Zugbeanspruchung 79, 80, 85
– feder, Drahtlänge 57
– festigkeit 79, 80, 81, 83, 84
– kraft 79
– spannung 79, 80
– versuch 79, 80
– versuch für Kunststoffe 85
Zusammengesetzte Flächen 24
– gestreckte Längen 33
– Längen 33
– Massen 49
– Verschnitt 32
Zuschnittdurchmesser Tiefziehen 151, 154
Zustandsänderung von Gasen 103, 104
Zweiseitiger Hebel 60
Zylinder, Mantelabwicklung 37

Sachwortverzeichnis Teil II, Qualitätsmanagement

A
Absolute Häufigkeit 168, 169
Anzahl Einzelwerte 168
Arithmetischer Mittelwert 169, 171
Arten der Qualitätsprüfung 166
Arten von Regelkarten 171

E
Einflussgrößen -7M 165
Eingriffsgrenze, obere, untere 172

F
Fehlerwahrscheinlichkeit 166
Fehlerkosten 165
Fertigungsstreuung 171

G
Gauß'sche Glocke 168, 169
Gesamtmittelwert 169, 170
Geschätzte Prozessstandardabweichung 169
– Mittelwert 170
– Prozessmittelwert 169
– Standardabweichung 170
Glockenkurve, Gauß'sche Glocke 168, 169
Größter, kleinster Messwert 168

H
Häufigkeit, relative 168, 169
Histogramm 168

I
ISO 9000, ISO 9001 165

K
Klassen 167, 168
– weite 167, 168
Kleinster, größter Messwert 168
Kritische Fähigkeitsindizes 170, 171
– Maschinenfähigkeitsindex 170, 175
– Prozessfähigkeitsindex 170, 171

M
Maschinenfähigkeit 170
– index 170, 171
– untersuchung 170
Medianwert 169, 171
Messprotokoll 167
– wert, größter 169
– wert, kleinster 169
Mittelwert, arithmetischer 169, 171
– Wertverlauf 172
Mittlere Spannweite 170, 172

P
Prozessfähigkeitsindex 170, 171
Prüfanweisung 166
– los 166
– merkmal 167
– plan 166
– ung-100% 166

Q
Qualitätsprüfungsarten 166
– regelkarten 171, 172

R
Regelkarten 171
Relative Häufigkeit 168, 169

S
Spannweite, mittlere 169, 170
– weite 167, 168, 169, 171, 172
– weitenverlauf 172

Sachwortverzeichnis Teil II, Qualitätsmanagement

Standardabweichung 169, 171
Statistische Auswertung 169
– Prozessregelung 167, 170
Stichprobe 166, 167, 168
– probenzahl 169
Streuung 171
Strichliste 168

T
Toleranzgrenze, obere, untere 170, 172

V
Verteilungskurve 168

W
Wahrscheinlichkeitsdichte 169

Z
Zehner-Regel 165
Zentralwert 168
Zufällige Einflüsse 167

Sachwortverzeichnis Teil III, CNC-Technik

A

Absolutbemaßung 183
Absolutprogrammierung 216
Achsbezeichnung 187
Adressbuchstaben 193, 195, 211, 212
Adresse F 212
Adresse G 194, 195, 212
Adresse M 211
Adresse N 212
Adresse S 212
Adresse T 192, 211, 212
Adresse X, Y, Z 212
Antriebsmotor 176

B

Bahnkorrekturbefehl 217
Bahnsteuerung 189, 190
Bearbeitungszentrum 188
Bearbeitungszyklen PAL 195–210
Bezugsbemaßung 183
Bezugspunkte 181
Bildzeichenkombination 191
Bohrfräszyklus G87 210
Bohrzyklus PAL G84 197

C

CNC-Steuerung 175
CNC-Werkzeugmaschine 175, 188
Codierung 180

D

Datenkassette 180
Datenträger 180
Digital-absolute Messwerterfassung 180
Digitale Messwerterfassung 179, 180
Direkte Wegmessung 178
Diskette 180
Dreharbeiten 181, 187, 218
Drehkontur 218
Drehmaschine 188
Drehzahl-Adresse 211, 212
Dualcode 180

E

Ebene 186, 213, 214
Ebenenfestlegung 186, 213, 214

F

Formgenauigkeit 218
Fräsarbeiten 182, 184, 189, 190, 199–210, 215–217
Fräserradius-Korrektur 217
Fräsmittelpunktbahn 217
Freie Zusatzfunktionen, M-Funktionen nach PAL 211
Freistichzyklus PAL G85 198

G

Gegenuhrzeigersinn 213–216
Geometrische Informationen 193
Gewinde- u. Freistichzyklus PAL G85 198
Gewindebohrzyklus G84 205
Gewindezyklus PAL G31 196
Grundbildzeichen 191

H

Hauptantriebe 175
Hauptspindelantrieb 176

I

Indirekte Wegmessung 179
Informationsspeicher 180
Informationsverarbeitung 180
Inkrement 179
Inkrementalbemaßung 183
Interpolationsparameter 194, 214–216

Sachwortverzeichnis Teil III, CNC-Technik

K
Kettenbemaßung 183
Konstruktive Merkmale 177
Konturfehler 217
Koordinatensystem 184, 185, 194
Koordinatensystem-Zuordnung 194, 214
Kreisbearbeitung 200, 215, 216
Kreisbogennut-Fräszyklus PAL G 75 207
Kreisinterpolation 215, 216
Kreisprogrammierung 213–216
Kreistaschen- u. Zapfenfräszyklus PAL G73 200
Kugelumlaufspindel 175, 177

M
Maschinen-Koordinaten DIN 66 217 185
Maschinen-Nullpunkt 181
Maschinen-Referenzpunkt 181
Messwerterfassung, digitale 179, 180
M-Funktionen 211
Mikroprozessor 175, 176

N
Nachteile CNC-Maschinen 176
NC-Werkzeugmaschinen 175–177, 188
Nullpunkt 181, 182
Numerische Steuerung 174, 175
Nutenfräszyklus (Längsnut) PAL G74 195, 201

P
PAL-Bearbeitungszyklus 195–210
PAL-Programmiersystem Drehen 194
– Fräsen 193, 199–210
PAL-Zyklen bei Drehmaschinen 196–198
Plusbewegung 184, 186
Programmaufbau 192, 193
Programmblatt 192, 212
Programmierung 192, 193
Programm-Nullpunkt 182
Programmtechnische Informationen 195
Punktsteuerung 189

R
Radiusprogrammierung 213–216
Rechenwerk 175
Rechtecktaschenfräszyklus PAL G72 199
Rechte-Hand-Regel 185
Referenzpunkt 181
Reibzyklus PAL G85 206

S
Satz 192, 193
Schaltinformationen 211
Schneidenradius-Korrektur 218
Senkrecht-Konsolfräsmaschine 188
Sonderzeichen 193
Speicher 175
Steuerung 175, 217, 218
Steuerungsarten 189
Streckensteuerung 189
Stützpunkt 217

T
Tastatur 175
Technologische Informationen 195, 196, 211
Tiefbohrzyklus mit Spanbruch und Tiefbohrzyklus mit Entspänen PAL G82, G83 204

Sachwortverzeichnis Teil III, CNC-Technik

U
Uhrzeigersinn 213, 215, 216

V
Vorschub-Adresse 211
Vorschubmotor 176
Vorteile CNC-Maschinen 176

W
Wegbedingung 194, 195, 215, 216
Weginformationen 193
Wegincrement 178, 179, 180
Wegmesseinrichtungen 178, 179, 180
Wegmesssystem 178, 179, 180
Wegmessung, direkte 178
–, indirekte 179

Werkstück-Koordinaten-Ebene 186
Werkstück-Nullpunkt 182
Werkzeug-Adresse 192, 211, 212
Werkzeugbahn-Korrektur 216
Werkzeugbewegung 184, 185, 189
Werkzeugmaschine 175, 188
Wort 192, 193

X
X-Achse 184, 185

Y
Y-Achse 184, 185

Z
Z-Achse 184, 185

Zapfenfräszyklus und Kreistaschen PAL G73 200
Zeichnungsmaße 217
Zuordnung Koordinaten 188
Zusatzfunktion 211
Zuwachsbemaßung 183
Zwei-D-Steuerung 189
Zyklusaufruf PAL 196–210
– an einem Punkt (mit kartesischen Koordinaten) PAL G79 203
– an einem Punkt (Polarkoordinaten) PAL G78 202
– auf einem Teilkreis (Lochkreis) PAL G77 209
– auf einer Geraden (Lochreihe) PAL G76 208